Vogel

—

Durch Technik gutzumachen, was Technik frevelte

EPISTEMATA

WÜRZBURGER WISSENSCHAFTLICHE SCHRIFTEN

Reihe Philosophie

Band 508 — 2012

Marc Vogel

Durch Technik gutzumachen, was Technik frevelte

Zur Polyvalenz der „Technik“ bei Theodor W. Adorno

Königshausen & Neumann

Bibliografische Information der Deutschen Bibliothek

Die Deutsche Bibliothek verzeichnet diese Publikation in der Deutschen Nationalbibliografie; detaillierte bibliografische Daten sind im Internet über <http://dnb.ddb.de> abrufbar.

D 18

Gedruckt auf säurefreiem, alterungsbeständigem Papier
Umschlag: skh-softics / coverart
Umschlagabbildung: Luigi Russolo: Zeichnung eines Intonarumori, 1913.
(Quelle: Wikicommons)

Printed in Germany
ISBN 978-3-8260-4764-0
www.koenigshausen-neumann.de
www.buchhandel.de
www.buchkatalog.de

Welcome to the machine.

(Pink Floyd 1975)

Inhalt:

Einleitung

In Anbetracht der rauen Mengen bereits existierender Beiträge zum technikphilosophischen Diskurs (nicht nur der Moderne) muß sich, so scheint es *prima facie*, jedwede erneute Stellungnahme zunächst der eigenen Legitimität vergewissern. Auf der Folie der ideengeschichtlichen Umbrüche der vergangenen Jahrzehnte allerdings wird schnell deutlich, daß mit der rehabilitierten ‚Sozialtechnologie' des Strukturfunktionalismus wie auch mit dem Neo–Strukturalismus (relativ) neue Perspektiven und Befunde ermöglicht wurden.[1] Mehr noch allerdings scheinen die relevanten historischen Ereignisse derselben Periode (*Tschernobyl*), vor allem aber die gravierenden kulturellen Umbrüche im Gefolge der ‚dritten industriellen Revolution' (*Internet, Gen– und Nanotechnik*[2]) ein Nachdenken–über–Technik–heute nicht nur zu legitimieren, sondern gar nahe zu legen. – Zwar fliegt die vielgerühmte *Eule der Minerva* erst in der Dämmerung; insbesondere „Modernität"[3] verpflichtete „kritische Philosophie"[4] jedoch sollte gar nicht anders können, als, ebenfalls mit Hegel gesprochen, ‚ihre Zeit' – positiv – ‚in Gedanken' zu fassen...

Die ‚postmoderne' Phase des unvollendeten Projektes sowie die sich stets in neuen Katastrophen und ethisch–fragwürdigen Technologien manifestierende *Dialektik der Aufklärung* jedenfalls haben die vormals gängige Positionierung in Fragen der Technik: progressive Technikaffirmation hier – bewahrender Kulturpessimismus dort, merklich verkompliziert: Während sich die einen vom Modernismus ‚entfesselter Produktivkräfte' verabschiedet haben, neigt nun die andere Seite, mit Arnold Gehlen, zur nicht unproblematischen ‚Apotheose' einer ins stahlharte Gehäuse eingelassenen Technik.[5]

Diese gar nicht mehr so ‚neue Unübersichtlichkeit' wie auch das weiterhin absehbare Fortwähren einer *Dialektik der Aufklärung* (etwa als skizzierte ‚Dialektik der neuen Technologien') legt u.a. die Frage nach der Aktualität der Kritischen Theorie (nicht nur) im technikphilosophischen Kontext nahe – wird die DdA Adornos und Horkheimers doch nicht selten als deren wichtigstes Zeugnis erachtet.

Vor diesem Hintergrund scheint es mehr als angebracht, auch und gerade Adornos Begriff der ‚Technik' bzw. der ‚Technologie' einer eingehenderen, synchron[6] angelegten Revision zu unterziehen. Ohnehin fällt auf, daß, trotz des schier unerschöpflichen Konvoluts an Literatur zur Philosophie und Soziologie Adornos, – wider Erwarten – lediglich eine (!) Veröffentlichung seinen Begriff der Technik ex-

---

[1] Vgl. etwa Wandschneider, Dieter: Technikphilosophie. Bamberg 2004.

[2] Vgl. Negt, Oskar: Kant und Marx. Ein Epochengespräch. Göttingen 2005. S. 65f.

[3] Baudelaire, Charles: „Der Maler des modernen Lebens." In: Ders.: Der Künstler und das moderne Leben. Essays, „Salons", Intime Tagebücher. Leipzig ^{2}1994. S. 301.

[4] Adorno, Theodor W.: Negative Dialektik. Jargon der Eigentlichkeit. Frankfurt a. M. 1970. S. 80. (Die Angabe von Band und Seitenzahl sämtlicher Schriften Adornos erfolgt ab hier im fortlaufenden Text.)

[5] Habermas, Jürgen: Der philosophische Diskurs der Moderne. Zwölf Vorlesungen. Frankfurt a. M. 1985. S. 9ff.

[6] Dieser hermeneutische Ansatz erscheint sinnvoll, insofern sich der monolithische Komplex des Adornoschen Gesamtwerks (abgesehen von der relativ früh einsetzenden Vernachlässigung der Empirie) in semantischer Hinsicht als eigentümlich ‚konsistent' erweist. – Einer solchen Diagnose mögen freilich diejenigen nicht zustimmen, welche den späten Adorno – politisch – für ‚resigniert' befinden.

plizit thematisiert: Der Sammelband *Technik und Kunst. Heidegger : Adorno.*[7] (1988) wiederum enthält, trotz des vielversprechenden Titels, seinerseits nur einen kurzen Aufsatz[8] zum relevanten Gegenstand, welcher, in seinem komparatistischen Ansatz, den Schwerpunkt ausdrücklich auf Adornos (scheinbaren) Antipoden Martin Heidegger legt;[9] kurzum: *Bei der Thematik vorliegender Dissertation handelt(e) es sich, zumindest in quantitativer Hinsicht, um ein wissenschaftliches Desiderat.* – Aber auch qualitativ wird besagter Aufsatz dem Technikbegriff Adornos nicht gerecht – insbesondere mit Blick auf dessen Polyvalenz, welche die für Adorno charakteristische Janusköpfigkeit des Vokabulars noch übersteigt; jenes Modell einer ‚Dialektik der Technik' verbliebe dahingehend unterkomplex.

Natürlich ist es nicht unproblematisch, die fragmentarische und konstellative Essayistik Adornos *ex post* zu theoretisieren bzw. gar zu systematisieren;[10] sein Technikverständnis jedoch beschränkt sich keineswegs, wie Severin Müller indirekt annimmt, auf die *zivilisatorische* bzw. *rationale Technik* – maschinelle Verfahren der Naturbeherrschung einschließlich der sie erst generierenden, instrumentellen Rationalität –, sondern umfaßt deren emphatische *ästhetische* Begriffskonnotation: die vom individuellen Künstler jeweils angewandte bzw. die formale Struktur eines (reproduzierten) Kunstwerkes kennzeichnende *ästhetische Technik.*

Diese Differenzierung allerdings verkompliziert sich in weiterer Weise: Während Müller im Einvernehmen mit dem *common sense* lediglich die *pejorative* Konnotation *zivilisatorischer* Technik bei Adorno vor Augen hat, schneidet er damit jene dieser ebenfalls inhärenten affirmativ/utopischen Qualitäten ab.[11] Sein zweifelsohne wichtiger, jedoch zu enger Fokus wiederum auf die technik–generierende

---

[7] Technik und Kunst. Heidegger : Adorno. Hg. v. Schröter, Hartmut. Münster 1988. – Eine Veröffentlichung Dieter Rudolf Knoells trägt u.a. ‚Technik' und ‚Adorno' im Titel, beschränkt sich aber weitestgehend auf dessen ‚Kulturindustrie'–These, welche, wie auch der Topos ‚instrumenteller Vernunft' (Max Horkheimer), eben aufgrund ihrer hinlänglichen Thematisierung, nicht den vordergründigen Gegenstand vorliegender Arbeit markiert: Ders.: Ästhetik zwischen Kritischer Theorie und Positivismus. Studien zum Verhältnis von Ästhetik und Politik und zur gesellschaftlichen Stellung der Kunst zwischen Natur und Technik anhand der ästhetischen Konzeptionen Benjamins, Adornos, Benses und Heißenbüttels. Hildesheim 1996. – Auch der vielversprechende Sammelband: Kritische Theorie der Technik und der Natur. Hg. v. Böhme, Gernot [u.a.]. München 2001. hält sich bedeckt hinsichtlich einer eingehenderen Explikation der relevanten Thematik.

[8] Müller, Severin: „Technik und Wissenschaftskritik bei Adorno und Heidegger." In: Technik und Kunst. A.a.O. S. 30ff.

[9] Ebd., S. 31.

[10] „Jeder Begriff eines Adornoschen Textes ist mit allen anderen mannigfach verwoben." (Früchtl, Josef: Ästhetische Erfahrung und moralisches Urteil. Eine Rehabilitierung. Frankfurt a. M. 1996. S. 58.) – Insbesondere aber ist folgende Problemlage zu bewältigen: „Sobald versucht wird, aus dem kompositorischen Ganzen ein Argument herauszupräparieren, geht mit dem Ausdruckscharakter auch ein nicht geringer Teil der Substanz des Dargestellten verloren" – „umgekehrt dürfte jeder Versuch, im Kommentar auch noch dem Stil des Textes gerecht zu werden, am Ende in bloße Paraphrase münden." (Honneth, Axel: Pathologien der Vernunft. Geschichte und Gegenwart der Kritischen Theorie. Frankfurt a. M. 2007. S. 93.)

[11] Wohl nicht zufällig erliegt Müller in seinem 1986, zur Hochphase neo–strukturalistischer Rezeption sowie im Jahre auch der *Challenger*–Katastrophe, gehaltenen Vortrag dem Charisma der radikal–kulturpessimistischen Passagen der DdA. (Aufgrund ihrer Quantität sind diese freilich nicht zu marginalisieren.)

Rationalität ermöglicht es ihm, ausschließlich Adornos verbaler *Kritik* der pejorativen Konnotation *zivilisatorischer Technik* utopischen Gehalt zu attestieren.[12]

Bei Adorno aber ist (analytisch) zu unterscheiden nicht lediglich jene *ontologische*[13] Differenzierung: 1. *zivilisatorischer Technik* (Realtechnik), 1.2. *rationaler Technik* (Methode) und 2. *ästhetischer Technik* (Stil/Reproduktion) – sondern wiederum deren jeweils divergierende *moralische*[14] Konstellation: a) *pejorativ*, b) *deskriptiv/affirmativ*, und als zentraler Aspekt letzterer Begriffskonnotation: deren *normativ/utopischer Geltungsüberhang* [b)II].

Bevor nun Adornos disparatem Technikbegriff selbst gewissermaßen technisch, mit der ‚geschliffenen Axt der Vernunft' (Walter Benjamin), zu Leibe gerückt wird, sei überdies darauf verwiesen, daß jener Gegenstand vorliegender Dissertation – dies markiert deren Hauptthese – seine Pointe trägt in *der ästhetischen Wendung dessen aus der sozialistischen Tradition adaptierten utopischen Implikationen*; speziell der *normativ/utopische Geltungsüberhang ästhetischer Technik* [2.b)II] ist es, welcher von dem eminenten Einfluß zeugt, den das Marxsche Konzept einer revolutionären Dynamik der ‚Produktivkräfte' (Natur, Mensch – und Maschine) im Hinblick auf die Umwälzung der ‚Produktionsverhältnisse' bei Adorno ausübt: *Die ästhetischen Produktivkräfte, ließe sich konstatieren, antizipieren die (vorerst) verbaute Entfaltung des sozial–utopischen Geltungsüberhanges der Realtechnik (und beeinflussen diese mitunter rückwirkend kompensationstheoretisch als normatives Korrektiv)*: „[U]nter den Motiven technischen Fortschritts in der Kunst ist nicht das letzte das dialektische: durch Technik gutzumachen, was Technik frevelte." (15, 371)

---

[12] Müller, Severin: „Technik und Wissenschaftskritik bei Adorno und Heidegger." A.a.O. S. 38.

[13] Auch neuere Lexika differenzieren den alltagssprachlichen Begriff der Technik im Sinne der hier rekonstruierten Dreiteilung Adornos; vgl. etwa: Das Neue Dudenlexikon in 10 Bänden. Bd. 9. Mannheim [u.a.] ²1991. S. 3743.

[14] Wenngleich die frühe Kritische Theorie bestrebt ist, im Sinne Marxens und Weberns die ‚objektiven Tendenzen' möglichst deskriptiv zu eruieren, kann sich insbesondere Adorno nicht erwehren, seinen soziologisch–sublimierten Moralismus zynisch zu verbalisieren.

<u>Zur Polyvalenz der „Technik“ bei Theodor W. Adorno</u>

I. Zivilisatorische Technik

<u>I.a) Pejorative Konstellation</u>

I.a)α Die sozialphilosophische Perspektive

1. Technik und Ökonomie

Historisch gesehen sind es zwei Sphären, die ineinandergreifen, sich zunehmend wechselseitig bedingen und sich schließlich zur technologischen Zivilisation vollenden: Ökonomie und Technik.[15] *(Wilhelm Berger)*

Adornos Sicht der Technik [1.] – im Wesentlichen ist sie eine pejorative: An den „Existentialien der Geschichte“, „Herrschaft und Unfreiheit“, habe die zivilisatorische Entfaltung der Realtechnik nicht grundsätzlich etwas geändert – dies allerdings, so das zentrale Ergebnis einer ‚Wesensbestimmung' der Technik: *auf der Grundlage ihrer „Verfilzung mit dem status quo des Profitwesens“* (FABl VIII, 146f./4, 234[16]). Die polyvalente Technik also wäre, wie er konstatiert, nicht *an sich* für die ihr zugeschriebenen Übel verantwortlich zu machen; vielmehr hinge sie an den Strippen der „Macht der ökonomisch Stärksten“ (3, 142). Die Technik in ihrer sichtbaren Gestalt wäre zu deuten nicht als das „primäre gesellschaftliche Wesen“ im strikten Sinne etwa der Technokratie–These(n) (Thorstein Veblen) – sondern als etwas Abkünftiges, „so demokratisch wie das Wirtschaftssystem, mit dem sie sich entfaltet“ (3, 20//20.1, 316). Auch die Überzeugung der kulturkonservativen „Feinde der Technik“, „es läge an der Technik selbst“ (nicht erst an ihrer makrologischen Verwendung), läßt er daher nicht gelten (15, 375).

Zwar relativiert er seine marxistisch–inspirierte Position, wenn er anderweitig suggeriert, die mit Beginn der Neuzeit aufgeworfene Frage nach der „Priorität von Wirtschaft oder Technik“ – welche Instanz ist *Movens* der jeweils anderen? – wäre kommensurabel letztlich derjenigen nach „Huhn oder [...] Ei“; schon dem oberflächlich ausgerichteten Blickwinkel aber erschließt sich die gängige Praxis, wonach keinerlei „technologische Aufgabe“ ohne ihre ökonomisch/soziale Vermittlung – etwa in Form von Aufträgen – an Konstrukteure und Designer herangetragen würde: Daß die intendierten Entwürfe „im Rahmen des finanziell Möglichen“ bleiben sollen, und daß sie „in einer bestimmten Zeit“ präsentiert werden müssen, versteht sich letztlich von selbst (20.1, 311f.).

„Signatur des Zeitalters“ also wäre die „Präponderanz der Produktionsverhältnisse über die Produktivkräfte“ – welche „längst der Verhältnisse spotten“ (s.u.) (8, 363[17]*).* – Diesem (einfachen) Grundgedanken[18] der Theorie *zivilisatorischer Technik* bei Adorno, wie er ihn insbesondere in seinem *Spätkapitalismus oder Industriegesellschaft?* (1968) betitelten Vortrag expliziert, dechiffriert sich die allseits zu beobachtende „Expansion der Technik“, die zunehmende Technisierung

---

[15] Berger, Wilhelm: Philosophie der technologischen Zivilisation. München 2006. S. 12. [Hervorhebung von mir.]

[16] [Hervorhebung von mir.]

[17] [Hervorhebung von mir.]

[18] Die unabweisliche Aktualität dieses Gedankens – zugespitzt in der Gegenüberstellung, die Technik agiere potentiell sowohl „in der Fabrik“ als auch „auf dem Schlachtfeld“ (3, 19f.) – bescheinigt etwa eine zeitgenössische Veröffentlichung Dietmar Daths (ders.: Maschinenwinter. Wissen, Technik, Sozialismus. Eine Streitschrift. Frankfurt a. M. 2008.).

(auch) der Lebenswelt, als fortwährende Verstrickung in die bestehenden, kapitalistischen Produktionsverhältnisse – und eben nicht als revolutionärer Geschichtsfaktor (‚Subjekt der Geschichte'): In diametraler Opposition zur teleologischen Ausrichtung des Historischen Materialismus nähere sich die technisch–initiierte „Immergleichheit des Tauschprinzips" der quasi–mythischen „Herrschaft von Wiederholung im Produktionsbereich" (8, 369/10.2, 637).

Allein der ephemere Gedanke, „es könnte überhaupt anders sein", werde daher – im vorgeblichen „Zeitalter der Erfindungen" – mehr und mehr zur hoffnungslosen Anstrengung (8, 376/18, 41). Zwischen der politischen, ‚unverschämten' Physiognomie der Herrschaft sowie dem durch Handel und Verkehr vermittelten, anonymen Regime bestünde dann lediglich ein Unterschied der Form. Wider Erwarten, so die nicht unproblematische Annahme, bewirkten die statisch verbleibenden Produktionsverhältnisse, negativ, gar einen *Fortschritt* herrschaftlicher Rationalität – während sich die offen autoritäre Unterdrückung der eigenen Grundlagen mittel– bis langfristig beraube.

Auf der Folie dieser Einschätzung sei alles Nützliche – auch und gerade die Technik also – als „verhext" einzustufen; als „bloß Nützliche" wäre sie bloßes „Mittel der Verödung der Welt". Und was für die Technik zu gelten habe, charakterisiere erst recht ihre Erzeugnisse: „[S]ie werden produziert um des Profits willen, befriedigen die Bedürfnisse nur beiher, rufen diese nach Profitinteressen hervor und stutzen sie ihnen gemäß zurecht" (10.1, 391f.). In kaum einem Punkte, so die freudomarxistische Einschätzung Adornos, gerierte sich die gesellschaftlich–vorherrschende Ideologie daher derart „allergisch" wie angesichts ihrer lediglich scheinhaften Zweckrationalität (8, 129).

Die heterogene Interessenlage von „Industrie und Konsumenten" ließe sich, unter gegebenen Vorzeichen, nicht einmal dort in Einklang bringen, wo erstere „ernsthaft etwas bieten will". – Als Beispiel jener (kultur)industriellen Manipulation (s.u.) nennt er „[d]as fatale Modell von Pseudo–Aktivität" (‚*do it yourself*'): Tätigkeiten, welche, obwohl industriell bereits besser zu bewerkstelligen, propagiert würden, um den apathischen Individuen zu suggerieren, „auf sie käme es an" (3, 293/10.2, 796f.). Die Ideologie der (handwerklichen) Selbstverwirklichung bediene überdies jenen „Überdruß", den der erreichte Grad an Technifizierung bereite: Die Mechanisierung entbinde zwar von den elementaren Tätigkeiten (s.u.) – ohne daß die ins ‚falsche Ganze' eingespannten Nutznießer jedoch wüßten, wie die gesparte Zeit denn nun ‚sinnvoll' zu nutzen wäre (10.2, 651).

– Zentral jedoch – dies läßt sich trotz allem vorab als sein *technikphilosophischer Grundgedanke* kenntlich machen – ist und bleibt für Adorno der Verweis darauf, daß die Realtechnik nicht *an sich* für die ihr zugeschriebenen Übel zur Verantwortung zu ziehen ist; sie hinge eben an den Strippen der ‚Macht der ökonomisch Stärksten'.

1.1. *Ad Marx*

Beim Thema ‚Technik und Ökonomie' kann sich die kulturwissenschaftlich ausgerichtete Perspektive (Adornos) expliziten Äußerungen wiederum zum Technikverständnis Marxens nicht verschließen: Wiewohl sich seine Überlegungen zur gesellschaftlichen Einbettung der Technik stark von ihm beeinflußt zeigen (s.o.) – er, wie sich zeigen wird, einem technisch fundierten Geschichtsoptimismus[19] letztlich gar weiterhin zuneigt, hält Adorno dies nicht davon ab, indes auszuholen zu einer Fundamentalkritik der marxistischen ‚Metaphysik der Produktivkräfte'[20] (Alfred Seidel): Marxens Gewißheit, ein „Primat der Produktivkräfte" wäre historisch unabdingbar, und diese ‚sprengten' notwendigerweise die Produktionsverhältnisse, werde sich *nicht* bewahrheiten.

Als geschworener „Feind des deutschen Idealismus"[21] bliebe er verhaftet nicht lediglich Hegels affirmativer Geschichtsmetaphysik (8, 363): Auf die menschlichen Produktivkräfte und ihre technische Verlängerung projiziere er zudem ein absolutes Potential, in welchem wirksam sei die Annahme ‚genialen Schöpfertums' bzw. der transzendentalen Synthesis–a priori.[22]

Und wenngleich Marx den *positivistischen* Rudimenten der Soziologie (s.u.) in erster Linie skeptisch gegenüber getreten sei, ließe sich deren eigentümliche Ambivalenz im „Glauben an den Primat der Technik" – die Ambivalenz im Glauben an den eminenten gesellschaftlichen Einfluß der Technik – dann ebenfalls bei ihm nachweisen: „Er hatte die recht optimistische Ansicht, daß der Stand der technischen Produktivkräfte unter allen Umständen als Schlüsselkategorie der Gesellschaft sich durchsetzen müsse" – „während er auf der anderen Seite nun die spezifisch gesellschaftlichen Verhältnisse, und zwar die Ordnung des Eigentums je nach der Stellung zu den Mitteln der Produktion, als das gesellschaftlich Bestimmende betrachtet hat." – Adorno konzediert demgemäß, daß auch Marxens Ambivalenz in der Betrachtung der Technik „nicht eindeutig geschlichtet" sei – vernachlässigt dabei allerdings das revolutionäre Konstrukt des Proletariats: Im Verbund mit der utopisch–konnotierten Technik (s.u.) nivelliert dieses ebenjene theoretische Ambivalenz, und zwar zugunsten der zuvor konstatierten *dynamischen* Konnotation der Technik (N 4.15, 27ff.). Daß der proletarische Utilitarismus „zweckrationale[r] Aktoren"[23] gegen Mitte des 20. Jahrhunderts im Verschwinden begriffen ist, entgeht Adorno also keineswegs; anders, als zu erwarten jedoch, spricht er anderweitig von ‚technologischer Verschleierung' des Klassenbewußtseins, nicht aber von dessen (theorie–immanenter) Hinfälligkeit. Als potentielle Instanz einer Überwindung der antagonistischen Gesellschaft – diese als solche, und mit ihr gewissermaßen auch die ‚Klassen'struktur, bleibt ja in der Tat bestehen, solange das Modell abhängiger ‚Beschäftigung' vorherrscht –, wären nunmehr allerdings die „Gewitzigten" zu motivieren (4, 301f.).[24]

Eine „Lehre des absoluten Vorrangs" eben der (dynamischen) Produktivkräfte oder aber der (statischen) Produktionsverhältnisse, darauf liefe umrissene Oppositi-

---

[19] Vgl. S. 56ff.

[20] Vgl. unteres Kapitel zur *„Metaphysik der Produktivkräfte": Von Saint–Simon zu Marx* (S. 64ff.).

[21] Vgl. etwa Engels, Friedrich und Karl Marx: Die deutsche Ideologie. In: MEW. Bd. 3. Hg. v. Institut für Marxismus–Leninismus beim ZK der SED. Berlin 1956ff. S. 11ff.

[22] Zu einer ähnlichen Einschätzung gelangt Jürgen Habermas (vgl. ders.: Vorstudien und Ergänzungen zur Theorie des kommunikativen Handelns. Frankfurt a. M. 2006.).

[23] Fraser, Nancy und Axel Honneth: Umverteilung oder Anerkennung? Eine politisch–philosophische Kontroverse. Frankfurt a. M. 2003. S. 151.

[24] Vgl. auch Herbert Marcuses normativen Ansatz einer studentisch/bildungsbürgerlichen Avantgarde (ders.: Der eindimensionale Mensch. Studien zur Ideologie der fortgeschrittenen Industriegesellschaft. München [3]1998. S. 199.).

on hinaus, wäre jedoch „eigentlich nicht möglich“: In deskriptiver Absicht müsse über den jeweiligen Primat historisch–flexibel geurteilt werden – „je nach dem Stand der gesellschaftlichen Kämpfe“. Paradoxerweise bedeute dies, daß Marx seinerzeit aber durchaus berechtigt gewesen wäre, den Vorrang eben der technischen Produktivkräfte zur zentralen Kategorie zu erheben, da es noch im Interesse des ambitionierten Bürgertums gelegen hätte, ebendiese zu ‚entfesseln'. Adornos Zeitmessung folgend jedoch divergiere die Relation der Produktivkräfte zu den Produktionsverhältnissen gegen Mitte des 20. Jahrhunderts grundlegend, und zwar zugunsten der „Suprematie“ letzterer: „aus Gründen der Interessen der Verfügenden“ (N 4.15, 27ff.). – Nunmehr also überwiege die statische Komponente.

Sollte, wie noch Marxens elfter Feuerbach–These[25] zu entnehmen, ‚Welt' zunächst aktiv ‚verändert' werden, so hätte gerade die spekulative Überfrachtung der Technik die spätere Apologie der Staatssozialismen erst ermöglicht: Das Moment der ‚Freiheit' wäre schon bei Friedrich Engels[26] dazu degeneriert, „bewußt“ „das Notwendige“ zu tun – was voraussetzt, ebendieses sei a priori bekannt wie legitimiert (N 4.16, 142ff.). Nicht ohne Grund begegnet Adorno daher auch der leninistischen Kritik der „Liberalität, welche die Freiheit der Menschen nicht zu erfüllen vermag“, mit Skepsis; dem Kritiker der ‚Verdinglichung' (s.u.) zufolge könne dem Sowjetismus nicht minder unterstellt werden, das ihm ebenfalls zugehörige „System der modernen Industrie“ verlange, sich an es zu „verdingen“ (3, 127/14, 133).[27] – Ferner die „nicht eindeutige“ Annahme eines ‚tendenziellen Falls der Profitrate' (s.u.) – nach Marxens Analyse bedingt auch durch den zunehmenden Aufwand auf das konstante Kapital (an Maschinen) – sperre sich jedweder Verifikation (8, 355).

Weiterhin zeige sich der erkenntnistheoretische Ansatz Marxens – ‚Basis/Überbau' – dem *Status quo* nicht länger gewachsen – Adorno freilich hält diese Einschätzung nicht davon ab, selbst immer wieder von dem Modell Gebrauch zu machen (s.u.). Anders als die überkommene Theorie kausaler Manipulation unterstellt, wäre es vielmehr jener ‚universelle Verblendungszusammenhang' (s.u.), welcher alles und jeden in seinen umfassenden virtuellen Schein integriere, ähnlich einer transzendentalen *Matrix*[28] (8, 450/20.1, 355).

Der späte Adorno schließlich hebt an gar zur latenten Apologie der Profitwirtschaft: Die „elastische[n]“ Produktionsverhältnisse hätten „in sich selbst Ressourcen entdeckt[ ], die den [von Marx prognostizierten] Zusammenbruch [...] aufzuschieben gestatten – Ressourcen, unter denen fraglos die immense Steigerung des technischen Potentials und damit auch die allen Mitgliedern der hochindustrialisierten Länder zugute kommende Menge von Gebrauchsgütern obenan stehen.“ (8, 355[29])

---

25 Marx, Karl: Thesen über Feuerbach. In: MEW. Bd. 3. A.a.O. S. 5ff.

26 Vgl. etwa ders.: Herrn Eugen Dührings Umwälzung der Wissenschaft. In: MEW. Bd. 20. S. 5ff.

27 Daß der technokratische Marxismus einschließlich seiner teleologischen Revolutionserwartung überdies speziell im Lande der einstmals größten Arbeiterbewegung Europas seine Mitschuld trägt wiederum an der passiven Duldung der nationalsozialistischen Machtergreifung – dies markiert einen weiteren fundamentalen Kritikpunkt der frühen Kritischen Theorie.

28 Guy Debord und Jean Baudrillard schließen hier an (vgl. etwa: Baudrillard: Simulation und Verführung. Hg. v. Bohn, Ralf u. Dieter Fuder. München 1994. bzw. Debord, Guy: Die Gesellschaft des Spektakels. Luzern 1994.).

29 [Einschub von mir.]

Wenngleich, zumal von der Warte der Kritischen Theorie, andere Lesarten durchaus möglich sind, sieht Adorno speziell an dieser Stelle ganz offensichtlich eine zentrale Forderung der sozialistischen Tradition – die menschenwürdige physische Grundversorgung – ‚konsequenzialistisch' erfüllt vielmehr von der technisch–elaborierten *Profit*wirtschaft. – Nichtsdestotrotz verbleibt die Argumentationslinie *an den repräsentativen Stellen* seines Werkes zumeist überaus marxisch[30]:

> Auf Grund des Besitzes der Maschinen und des Materials erzwang er, daß die andern produzierten. Er nannte sich den Produzenten, aber er wie jeder wußte insgeheim die Wahrheit. Die produktive Arbeit des Kapitalisten, ob er seinen Profit mit dem Unternehmerlohn wie im Liberalismus oder dem Direktorengehalt wie heute rechtfertigte, war die Ideologie, die das Wesen des Arbeitsvertrags und die raffende Natur des Wirtschaftssystems überhaupt zudeckte. (3, 198)

– Mit Blick auf den weiteren Verlauf vorliegender Arbeit ist jedoch in Erinnerung zu rufen insbesondere die grundlegende technikphilosophische *Kluft* zwischen Adorno und Marx: Dessen Hoffnung, dem ‚Primat der technischen Produktivkräfte' käme historische Unabdingbarkeit zu – diese ‚sprengten' notwendigerweise die Produktionsverhältnisse –, werde sich Adorno zufolge nicht erfüllen.

1.2. Monopolkapitalismus (Max Weber)

Signifikantes Merkmal der Produktionsverhältnisse, wie Adorno sie – in Abgrenzung zu Marx, im Anschluß aber an Friedrich Pollock bzw. Franz Neumann[31] – vorzufinden glaubt, wäre denn auch deren kartellartig–durchformte Struktur: Den ‚Monopolkapitalismus' kennzeichne – performativ – nicht länger nur das Privateigentum (an Grund und Produktionsmitteln), sondern, darüber hinaus, das technokratische Moment der *Administration* – der Einfluß der Herrschaftssoziologie Max Webers ist nicht zu verkennen. Dieses Element ‚bürokratischer Herrschaft'[32] wiederum vollstreckten die mit der ökonomischen Sphäre verschränkten staatlichen Organe in Handlangertätigkeit – sofern sie sich nicht unmittelbar zur akkumulierenden Instanz, zum (real–sozialistischen) *Staats*monopolkapitalismus aufgeschwungen hätten.

Der Monopolkapitalismus allerdings, assoziativ verknüpft mit dem Paradigma des *Fordismus*[33], erwiese sich, trotz (scheinbar) aufgehobener Konkurrenz–, heute würde man sagen: ‚Wettbewerbs'situation, als äußerst fragil: Er wird benannt als „Resultante von Kräften, deren Spannung ihn zu zerreißen droht"; die schwelende Konfliktlage der antagonistischen Gesellschaft wäre nur temporär zu beschwichti-

---

30 Der Verfasser vorliegender Arbeit möchte zur besseren Kennzeichnung einer auf historisch–angemessene Art und Weise an Marx orientierten Theorie das Adjektiv ‚marxisch' vorschlagen.

31 Vgl. Dubiel, Helmut: Kritische Theorie der Gesellschaft. Eine einführende Rekonstruktion von den Anfängen im Horkheimer–Kreis bis Habermas. Weinheim [u.a.] ³2001. S. 63ff.

32 Vgl. Weber, Max: „Die drei reinen Typen der legitimen Herrschaft." In: Winckelmann, Johannes: Legitimität und Legalität in Max Webers Herrschaftssoziologie. Tübingen 1952. Anhang.

33 Den auch als ‚zweite industrielle Revolution' bezeichneten Paradigmenwechsel in der industriellen Produktionsweise, etabliert zuvorderst in den Produktionsstätten Henry Fords, kennzeichnen im Wesentlichen zwei Merkmale: Massen– bzw. *Fließbandproduktion* und, damit einhergehend, kaufkraft–stimulierende *Anhebung des Lohnniveaus* (‚*New Deal*').

gen. Durch das sozialpolitische „Flickwerk“, wie es mit dem technokratischen Moment Hand in Hand ginge, vergrüben sich die Produktivkräfte jedoch nur tiefgreifender in die gegebenen Produktionsverhältnisse (s.o.) (8, 363).

– Im Hinterkopf zu behalten ist rückblickend jedoch insbesondere jener skizzierte ‚binäre code': Nicht lediglich das *Privateigentum* (an Grund und Produktionsmitteln) wäre konstitutiv für den zeitgenössischen Monopolkapitalismus, sondern, darüber hinaus, das technokratisch/bürokratische Moment eben der *Administration.*

1.2.1. Technische Evolution

Jenes von den ‚unpersönlichen Mächten' der ökonomischen Sphäre strukturell hervorgerufene und von den ‚reflexiven Mitspielern'[34] der Verwaltungstechnokratie sanktionierte „Profit– und Herrschaftsinteresse“ dann wäre es auch, welches den konkreten Entwicklungsgang der Technik „kanalisierte“: Etwa das nicht unerhebliche Motiv der *Kostenreduktion* (s.o.) bewirke jene (partielle) technische ‚Rationalisierung' materieller Arbeit.

Siegfried Kracauer zufolge, auf den Adorno diesbezüglich rekurriert, erbringt die akkumulierende Wirtschaftsweise aber gerade nicht „‚zu viel'“, sondern noch „‚zu wenig'“ an ‚Rationalisierung': Indem menschlicher Arbeitsaufwand durch technische Effizienz substituiert wird, verdamme sie zu „technologische[r] Arbeitslosigkeit“, nicht jedoch erstrebe sie die (realisierbare) *Überwindung* der Lohnarbeit *in toto*; zugleich werde der Eindruck erweckt, das „universale Interesse“ wäre dasjenige der „Vollbeschäftigung“, nicht aber die „Befreiung von heteronomer Arbeit“ (8, 362f./10.1, 35/11, 400). Bei allem Fortschritt der Technik wäre der Fortbestand physischen Mangels, an dessen Bekämpfung sich der Anspruch auf ‚Naturbeherrschung' einstmals entzündete (s.u.), somit doch strukturell gewährleistet (6, 127f.).

Nichtsdestotrotz – Adorno begibt sich hier zunächst in einen Widerspruch – befördere die vom Profitstreben in die Wege geleitete (Fehl–)Entwicklung und ‚Fetischisierung' der Technik auch *jene* Erfindungen, „die einmal Hunger und sinnloses Leiden aus der Welt vertreiben mögen“ (s.u.) (8, 68). – In der Erwartung, daß die zukünftige *Realisierung* ebendieses Geltungsüberhanges der Technik aber nun ebenfalls in der gegebenen Ordnung zu verorteten wäre, sieht er hingegen einen Irrtum: weil diese das eigens generierte technische Potential, wie geschildert, notwendigerweise fessele. Die gegenwärtige Periode stilisiert er dahingehend zum Paradoxon; mit Allusion auf Kant konstatiert er: „Daß der verlängerte Arm der Menschheit zu fernen und leeren Planeten reicht, daß sie es aber nicht vermag, auf dem eigenen den ewigen Frieden zu stiften, bringt das Absurdum […] nach außen.“ (8, 363f.)

– Im Sinne Adornos kann die gegenwärtige (Fehl–)Entwicklung der Technik gedeutet werden daher als *notwendige Bedingung ihrer späteren, eigentlichen Entfesselung – unter veränderten politisch–ökonomischen Vorzeichen.*

---

[34] Vgl. Menke, Christoph: „Tugend und Reflexion. Die ‚Antinomien der Moralphilosophie'.“ In: Dialektik der Freiheit. Frankfurter Adorno–Konferenz 2003. Hg. v. Honneth, Axel. Frankfurt a. M. 2005. S. 142ff.

2. Dystopische Konsequenz

Im Lichte des Scheiterns der von Marx prognostizierten Dialektik also – für Adorno kein Grund zur Häme – sind seinem Pessimismus einstweilen kaum Grenzen gesetzt: „Einzig in der Aussicht auf totale Vernichtung", wie es heißt, „haben die Produktionsverhältnisse nicht die Produktivkräfte gefesselt." Die ökonomisch–technische Zentrierung, genannte Monopolstruktur, wäre dabei Bedingung der Möglichkeit apokalyptischer Tendenzen: „daß es möglich wurde, von wenigen Punkten aus das Bewußtsein Ungezählter durch Auswahl und Präsentation von Nachricht und Kommentar gleichzuschalten" (8, 367).[35]

Die skizzierte ‚falsche' Anwendung der Technik in der bürgerlich/kapitalistischen Gesellschaft bzw. ihre Entfesselung, ihre ‚Evolution' *im Zeichen des Profits*, veranlaßt Adorno darüber hinaus zu weiteren, mitunter der *Science fiction* verdächtigen Hyperbeln: 1. im Hinblick auf die handfesten Konsequenzen für das *Individuum* (‚die Mechanisierung des Menschen'), sowie 2. unter Berufung auf die dystopischen Charakterzüge der gegenwärtigen *Gesellschaft* (‚die gigantische Apparatur') – einschließlich ihrer anzunehmenden Entwicklungslogik.[36]

2.1. Biopolitische Implikationen[37]

Die nicht mehr gegebene Trennschärfe zwischen den technischen und den menschlichen Produktivkräften, die Omnipräsenz der Technik, konditioniere rückwirkend die Spontaneität des lebendigen Körpers: Adorno konstatiert die „Versöhnung zwischen dem hilflosen Körper und der Maschinerie" (abermals wird, anhand eines rhetorischen Zynismus, der Zynismus der kritisierten Verhältnisse denunziert) (14, 404/20.2, 690). – Allen voran das *Auge* habe sich mit dem bürgerlichen Rationalismus, aber auch mit dessen Derivat, dem Industrialismus, arrangiert, indem es die Realität a priori als eine von „Dingen und Waren" bestimme (13, 94/17, 222).

Beförderte die industrielle Produktionsweise zuvor noch vornehmlich die *physische* Deformation, tangiere sie nun aber auch das Bewußtsein (8, 388).[38] Die unterschiedlichen Momente des psychischen Apparats, wie er menschheitsgeschichtlich aus den Sektoren der Ökonomie hervorgegangen wäre, kehrten nun regressiv in ebendiese zurück (4, 262). Die „Technifizierung" der (verbliebenen) Subjektivität, ihre technische ‚Modellierung', impliziere deren quasi–fordistische Normierung –

---

35 Die massenmediale Vorbereitung auch des zweiten großangelegten Völkermordes des 20. Jahrhunderts (Ruanda 1994) legt eine gewisse Aktualität dieser Feststellung nahe (vgl. etwa Des Forges, Alison: Kein Zeuge darf überleben. Der Genozid in Ruanda. Hamburg 2002.).

36 Der Meso–Fokus auf Individuum *und* Gesellschaft ist charakteristisch für die Methodologie der Kritischen Theorie.

37 Die auffällige Nähe der hier verhandelten Positionen zu Michel Foucaults gängigem Topos der *Biopolitik*: der Möglichkeit sozio–technologischer Einflußnahme auf Leib und Seele des (individuellen) Menschen, ist letzterem erst im nachhinein aufgegangen (vgl. Schade, Siegrid: „Körper und Macht. Theoretische Perspektiven bei Adorno und Foucault." In: Flaschenpost und Postkarte. Korrespondenzen zwischen Kritischer Theorie und Poststrukturalismus. Hg. v. Weigel, Sigrid. Köln [u.a.] 1995.). Die ideengeschichtliche Kontinuität ist jedoch nicht zu verkennen – so daß Adorno diesbezüglich Aktualität zuzusprechen ist.

38 Diese ‚ganzheitliche' „Brutalisierung" dann entlüde sich kathartisch an den (vormals) ökonomisch–Abhängigen zweiter Potenz: Frauen und Kindern.

durch das Substitut einer Vernunft, die zum „bloßen Hilfsmittel“ der „allumfassenden Wirtschaftsapparatur“ verkommen sei (3, 47/73; 4, 244). – In marxistischer Manier geht Adorno davon aus, (objektive) Vernunft als solche – seiner Logik zufolge verdient sie diesen Namen nicht länger – hätte sich nunmehr paradigmatisch den verselbständigten ökonomischen Partial–Interessen untergeordnet.

Der gesellschaftliche Zwang zur Assimilation an die Technik, so die freudomarxistische Einschätzung, verlange vom individuellen Körper dabei auch in der Freizeit „nachbildend neutralisiert“ zu werden (s.u.) (14, 404). Trotz und wegen einer ‚losgelassenen' Technik oblägen Mensch wie Maschine einem Zwang zur ‚Selbst–Fesselung' (s.o.) (die Metapher [über]lebensnotwendiger Selbstfesselung des individuellen Bürgers bzw. der bürgerlichen *Produktions*verhältnisse datiert bereits aus der DdA, wo sie anhand der *Sirenen*–Episode der *Odyssee* entwickelt wird) (3, 58/73; 20.2, 690).

An anderer Stelle hingegen suggeriert Adorno, das von der Ambiguität des mythischen Denkens entbundene Subjekt verbliebe zumindest insofern fragmentiert, als daß neben einem „unaufgelösten Rest“ – dem ‚Nichtidentischen' – die gesellschaftliche Arbeitsteilung auch subjekt–intern fortbestünde. Jene „ohnmächtige Reservatsphäre“ jedoch würde, gegenüber der wuchernden Sphäre (scheinbar) zweckrationalen Wirtschaftens, zusehends ins Kuriositätenkabinett abgeschoben (8, 60).

Zwar nehme der kulturelle Anteil dessen, wonach der Mensch sich als (Produktions–)Mittel, und nicht als (dessen) Zweck, bestimmen solle, quantitativ zu – analog zum Anteil der Maschinen gegenüber dem variablen Kapital bei Marx, wie es heißt –; die Rede von der „‚Mechanisierung' des Menschen“ wäre jedoch mißverständlich: Es gebe erst gar kein Substrat einer derartigen „Deformation“; diese repräsentiere keine Pathologie *an* den Menschen, sondern eine strukturelle der die Menschen erst hervorbringenden *Gesellschaft* (4, 261ff.).[39]

Bemerkenswert ist, wie Adorno auch solche Tendenzen in den Blick nimmt, die er als kompensatorische Strategien qualifiziert: So sehr er auch die maschinelle Entlastung der menschlichen Physis lobt – nichtsdestotrotz gesteht er dem menschlichen Körper ein legitimes Bedürfnis minimaler physischer Beanspruchung zu. Das Surrogat des „moderne[n] Sport[s]“ bediene dieses jedoch nur vordergründig – um ihn, den menschlichen Körper, „um so unerbittlicher“ der Maschinerie anzugleichen (10.1, 79f.). – Wenn der Sport mit Blick auf jenes Ansinnen aber ausfällt, so bleibt dem Freudianer wohl lediglich die vom Telos der Reproduktion entkoppelte, ‚entfesselte' Sexualität.[40]

[39] Der Biologismus projiziere diesen Sachverhalt auf die *natura naturans*.

[40] Ähnlich argumentiert Herbert Marcuse in seinem – von Adorno geschätzten – Essay *Zur Kritik des Hedonismus* (ders.: Kultur und Gesellschaft I. Frankfurt a. M. 1965. S. 128ff.). – Die seit den 1960er–Jahren erfolgte (Teil–)Liberalisierung der Sexualität jedoch hat deren absehbare Dialektik offenbart: Sie ist nur allzu anschlußfähig für kommerzielle Imperative, zu schweigen von der Verdinglichungsgefahr bzw. der potentiellen Reduktion auf den ‚maschinellen' Aspekt der menschlichen Physis (zu beobachten etwa in der zeitgenössischen Pornographie).

2.2. *Brave New World*

Die historisch je zu beobachtenden Entwicklungslinien der Technik werden zu Ende gedacht im ästhetischen Genre der *Science fiction* – auch deswegen ist es kein Zufall, daß Adorno der fiktionalen Dystopie schlechthin, Aldous Huxleys *Brave New World*[41], einige für die Kritik der Technik grundsätzlich relevante Überlegungen widmet: Diesem wird unterstellt, er setze, wie für das Genre üblich, ein „widerspruchsloses Gesamtsubjekt der technologischen ratio"; unter Absehung eben vom (oben verhandelten) ökonomischen Koordinatensystem, in welches sie eingelassen wäre, entwerfe er die „simple Totalentwicklung" einer a priori kritikwürdigen Technik. Der Schein intrinsischer Notwendigkeit des dystopischen Moments werde dadurch erzeugt, daß die „profitbedingte Inthronisierung des Produktionsapparats" zur ontologischen Wesenheit der Technik selbst stilisiert würde (10.1, 118f.).

Das etwaige ‚Ende des Individuums' – bildlich verdichtet in den sogenannten *Epsilons*, massenweise angelegten Humanoiden – gerate so zur technokratischen Unausweichlichkeit (10.1, 264). – Neben der prosaischen Belebung seiner These der Entsubjektivierung gilt Adorno dann vor allem Huxleys überzeichnete Verkehrung der ‚Zweck–Mittel'–Relation (Max Weber), seine eigentümliche Bebilderung des ‚Fetischcharakters der Technik'[42], als gelungen: „Der Kult des Werkzeugs, abgespalten von jeglichem objektiven Wozu – in der Brave New World herrscht buchstäblich die einstweilen erst implizite Autoreligion, mit Ford für Lord und dem Zeichen des Modells T für das des Kreuzes; die fetischistische Liebe zur Equipierung, jene unverkennbaren Züge des Irreseins, die gerade jenen eingezeichnet sind, die auf ihren praktischen und realitätsgerechten Sinn sich etwas zugute tun, werden zur Norm des Lebens erhoben." (10.1, 104)

– Adorno also findet in Huxley phänomenologisch die prekären Züge der modernen Technik gut pointiert – während er ihm zugleich eine falsche Theorie der Technik anlastet: Was Huxley der Technik schlechthin vorwirft, hält Adorno für einen Effekt ihrer makrologischen Anwendung und Entwicklungssteuerung. Huxley steht somit *pars pro toto* für alle Positionen, welche, eben wie dieser, die Technik per se dämonisieren, und sie ist somit von hohem Aufschlußwert für Adornos (vergleichsweise) differenzierten Umgang mit dem Begriff der Technik (s.u.).

---

[41] Ders.: Brave New World. London 2003. – Zur Kommensurabilität der Philosophie Adornos mit den einschlägigen Dystopien vgl. überdies: Die Zukunft der Vernunft. Zur Aktualität von Theodor W. Adorno. Hg. v. Schmid Noerr, Gunzelin. Cluj–Napoca 2004.

[42] – Diesem ist hier abermals vorzugreifen.

2.2.1. *La société machine*: Systemtheoretische Anleihen

Die Massen sind durch den Mechanismus der gegenwärtigen Gesellschaft so vollkommen umstellt, daß ihnen überhaupt keine Ausweichmöglichkeit aus diesem Mechanismus mehr gelassen wird [...].[43]

Wie angedeutet aber drohen auch *Adornos* drastische Skizzen des gesellschaftlich–kulturellen *Status quo* der Dystopie zu verfallen; es fällt auf, daß sich seine pessimistischen Hyperbeln der systemtheoretischen Metaphernbildung[44] merklich annähern. Den bereits seinerzeit nicht zu leugnenden Vormarsch derartiger Theorien jedenfalls konstatiert – indirekt[45] – auch Adorno, wenn er festhält, die Soziologie habe heute weltweit die Tendenz zur technokratischen Selbstbeschneidung: die Tendenz, „in Sozialtechnik überzugehen, nach dem Modell der technischen Naturwissenschaften." (20.2, 705) Und auch er geht letztlich davon aus, „Organisation und Technisierung" – institutionelle und technische Entfaltung – gingen substantiell einher; besondere Relevanz für diese inhaltliche Korrespondenz besitzt daher sein Vortrag zu *Individuum und Organisation* (8, 440ff.), in welchem er wiederum der Realtechnik dahingehend eine gewichtige performative Funktion zuspricht:

> Ihre neue und bestürzende Qualität hat die Organisation einzig durch den Grad ihrer Ausdehnung und Verfügungsgewalt gewonnen: die des Allumfassenden, die Gesellschaft durch und durch Strukturierenden. Die Tendenz auch dazu fehlt den großen Organisationen der Vergangenheit keineswegs; nur ist sie offenbar erst mit den Mitteln der modernen Technik ganz zu verwirklichen. (8, 443)

Die unabweisliche Schnittmenge der *prima facie* unvereinbaren Ansätze von Systemtheorie und Kritischer Theorie liegt dabei in der Sachhaltigkeit des beiderseitigen Rekurses auf Max Webers Axiom der ‚Rationalisierung' (s.o.) – einer Dynamik, zu der, gemäß Weber, auch die makrologische Verfestigung jenes ‚stahlharten Gehäuses' der Moderne gehört. – Mit jener gemeinsamen Referenz ergibt sich jedoch gleichzeitig die wesentliche *Differenz* beider Ansätze: die divergierende *Auslegung* des Theorems: Unterstellt die Systemtheorie, ähnlich wie die genuinen Postmodernisten, das unumstößliche *Fatum* gesellschaftlicher „Autopoiesis"[46], hält die Kritische Theorie an der möglichen Einflußnahme auf die gesellschaftliche Dynamik letztendlich fest.

Daß nun Adorno bisweilen von einer „allumfassenden Wirtschaftsapparatur" spricht, zu deren „bloße[m] Hilfsmittel" Vernunft verkommen sei (s.o.), stimmt da-

---

[43] [Adorno in einem Brief, zitiert nach: Dahms, Hans–Joachim: Positivismusstreit. Die Auseinandersetzung der Frankfurter Schule mit dem logischen Positivismus, mit dem amerikanischen Pragmatismus und dem kritischen Rationalismus. Frankfurt a. M. 1994. S. 239. – Hervorhebung von mir.]

[44] Die Systemtheorie firmiert zu dieser Zeit noch primär als Strukturfunktionalismus Talcott Parsons' (zu dessen relativer Wertschätzung seitens Adorno vgl. 8, 43).

[45] Adorno fokussiert hier insbesondere die sich (allzu) empirisch–gerierenden Soziologien; mit Fug und Recht läßt sich seine kritische Diagnose jedoch auf die systemtheoretische Sozialtechnik–‚höherer Ordnung' extrapolieren (in der Tradition der Kritischen Theorie ist es Hans–Joachim Giegel, der diese Kritik ausformuliert: ders.: System und Krise. Kritik der Luhmannschen Gesellschaftstheorie. Frankfurt a. M. 1975.).

[46] Luhmann, Niklas: Einführung in die Systemtheorie. Heidelberg 2002. S. 78.

hingehend freilich wenig hoffnungsfroh. Und seine kulturpessimistischen Diagnosen geraten noch weitaus emphatischer: Beispielsweise konstatiert er die nicht lediglich auf die politischen Totalitarismen beschränkte Konvergenz von Technik und Gesellschaft in einer etwaigen „Herrschaftsmaschinerie“ „totale[r] Erfassung“, einer buchstäblichen ‚Technokratie‘ (3, 53).

In concreto beförderten etwa „Fortschritte der Verkehrstechnik und die technologisch absehbare Dezentralisierung der Industrie“ – die ubiquitäre technische Ausweitung der Mobilität – ebendiese holistische „Vergesellschaftung der Menschheit“. Der (kaum so empfundene) ‚Luxus‘, „‚draußen‘“ zu sein, verdanke seine „Exterritorialität“ demgegenüber vielmehr der Toleranz, als daß „‚Exotisches‘“ überhaupt noch existiere (FABl VIII, 144/148): Die Menschen hätten sich, eben wie angedeutet, nicht länger bloß äußerlich der Technik anzugleichen; als Rollenträger wären sie nunmehr gezwungen, sich der (gesellschaftlichen) Maschinerie auch seelisch/kulturell einzugliedern – ‚mit Haut und Haaren‘.

Gegenüber dem verselbständigten Profitmotiv allerdings verkäme jene Kategorie des Nützlichen (s.o.), die Zweckmäßigkeit auch und gerade der Technik, im „Gesamtsystem“ der „verwalteten Welt“ zum „von der Maschinerie Mitgeschleiften“ (3, 9/8, 129). Die „Apparatur“ hätte zu gelten letztlich gar als „geschworene[r] Feind des Glücks“ (10.2, 626). – Das „System der Werkzeuge“ begründe dabei, je weiter es sich „zur Totalität“ aufspreize, den Schein der Notwendigkeit – eine vermeintliche Dynamik der Sachzwänge. Wider Erwarten jedoch erlange es, damit einhergehend, mehr und mehr den Charakter der – von Adorno wörtlich gemeinten – Ex–klusivität; denn, so das organisationssoziologische Paradoxon, insbesondere den „alles einspannenden Organisationen“ inhäriere die „Qualität des Ausschließenden“ (8, 441f.). Die Marxsche Verelendungstheorie bewahrheite sich daher zumindest im Sinne zunehmender Abhängigkeit von der „entlaufenen Apparatur“ – etwa mit Blick auf jene oben angeführte ‚technologische Arbeitslosigkeit‘ (8, 360).

Überdies entzöge die „Apparatur des Lebens“ den Menschen ihren Subjekt–Status: „Die Leistung, die der kantische Schematismus noch von den Subjekten erwartet hatte“ – die angemessene Zuordnung von Anschauung und Begriff – „wird dem Subjekt von der Industrie abgenommen.“ (3, 145/14, 122) Daß sich die in besonderem Maße ‚realitätsgerechten‘ Menschen Adorno zufolge ohnehin bereits *freiwillig* „zu Apparaturen“ ummodeln, wurde angedeutet: Jene Individuen repräsentierten die (auch) „nach innen hin fortgesetzte Maschinerie der gesellschaftlichen Produktion“ (8, 60/63).

Die der Sphäre des Kulturellen zugewiesene, bereits entschärfte Kritik (daran) jedoch werde weiter abgeschliffen, da sie dazu tendiere, den mechanischen Ablauf des falschen Ganzen – einschließlich des „Schmieröl[s] der Menschlichkeit“[47] – zu

[47] Hier kommt Adornos marxistisch–inspirierte Kritik der (Tugend–)Ethik zum Tragen, derzufolge – in Abwandlung Hegels – ‚nichts Wahres im falschen Ganzen‘ existieren könne. Das ethische (wie auch das vulgär–ästhetische) Moment trüge allenfalls dazu bei, die fragwürdige Funktionsweise der gesellschaftlichen Maschinerie noch zu optimieren – eben als ‚Schmiermittel‘ (vgl. N 4.10ff.; keinen Hehl aus dieser Tatsache machte demzufolge die sogenannte ‚Wirtschaftsethik‘). – Der Kritik Adornos ist prinzipiell beizufügen, daß die zweifelsohne wichtige Meta–Ethik der Sozialphilosophie die Individual–Ethik nicht notwendigerweise kompromittiert – aus einem historischen Blickwinkel zumal, welchem Gesellschaftsutopien per se verdächtig erscheinen.

behindern, wie „Sand in der Maschine“ (8, 83/138). Tendenziell werde, wer bzw. was nicht a priori mit der vorherrschenden Ideologie *d'accord* ginge, von den „gesellschaftlichen Maschinerien“ eingefangen[48], so daß allenfalls ein primitives ästhetisches Interesse an (der) Gemeinschaft fortbestünde – das Interesse an kurzweiliger Unterhaltung: „Das Volk wurde zum Anhängsel der Maschinerie öffentlicher Meinung, ihrem wesentlich als passiv vorgestellten Publikum, das zu den ihm übermittelten Nachrichten, auch den objektiv wichtigsten politischen, gar nicht soviel anders sich verhalte wie das Publikum eines Theaters, das verlangt, daß ihm etwas geboten wird.“ (3, 12f./8, 534) – Die pejorative Konnotation der Technik: In Gestalt der gesellschaftlichen ‚Maschinerie(n)‘, der Metapher für divergierende soziologische Funktionsabläufe und Mechanismen, tritt sie bei Adorno besonders sinnfällig in Erscheinung.

Die ‚Übermacht der Apparatur‘, in welcher der Einzelne zunehmend als überflüssig erscheine, ‚erdrücke‘ dabei ebenfalls den qualitativen Gehalt der *Sprache* – was wiederum (sozio)logische Implikationen mit sich brächte: „Der Begriff, der rein wird, indem er seinen Inhalt verstößt“, wäre nunmehr Platzhalter „einer Einrichtung des Lebens, aus der, bei allem Fortschritt der Apparatur – welcher der Begriff entspricht –, Armut doch um keinen Preis verschwinden darf.“ (6, 127f.) Durch die „Vorentschiedenheit dessen, was gedacht und getan wird, durch die gesellschaftliche Maschinerie“, werde eigentliche Kommunikation „illusorisch“: Unter dem quasi–mythischen „Fluch des Immergleichen“ verkäme Sprache zur „Folge analytischer Urteile“[49] (10.1, 102f.). Die „Hülle“ der sich sprachlich manifestierenden Entfremdung, „die sich im Verkehr zwischen die Menschen schiebt“, werde von diesen jedoch nicht als Makel der bestehenden Ordnung, sondern als willkürliche „Störung des Funktionierens der Apparatur“ vernommen; dieser wären sie „eingegliedert“ – „mit Stolz“, wie es zynisch–anklagend heißt (4, 45).

Für das Verstummen der *Kritik* (daran) aber ist wohl ebenfalls der auch von Adorno diagnostizierte Zuwachs an „Kompliziertheit der Apparatur“ verantwortlich zu machen (20.1, 329). Dieser Prozeß der *Komplexitätssteigerung*, der den ohnmächtigen Individuen schließlich ‚über den Kopf‘ wüchse, kulminiere nun darin, daß jene, anstatt wie ehedem, „durch das Schwert“, nunmehr „durch die gigantische Apparatur“ ‚versklavt‘ würden. Eben aufgrund ihrer intrinsischen Beschaffenheit „schmiede[ ]“ diese letzten Endes jedoch erneut „das Schwert“: „Die Maschinerie verstümmelt die Menschen heute, selbst wenn sie sie ernährt.“ (3, 54/267)

– Insbesondere jene der Logik des ‚universellen Verblendungszusammenhanges‘ folgenden Äußerungen Adornos sind es, welche in diese (allzu) düstere Charakterisierung der gesellschaftlichen Konstitution als einer integrativen „verselbständigten Maschinerie“ einstimmen, in welche Profitierende wie abhängig–Beschäftigte

48 Auch der positivistische Intellektuelle, „[d]er Geist, der [...] den Erkenntniszweck zugunsten der Mittel der Erkenntnis vernachlässigt“, werde zum „[h]eteronome[n] Rädchen [...] in der Maschinerie“ (8, 334ff.).

49 Etwa die bereits seinerzeit bisweilen zu konstatierende Selbstbeschränkung der akademischen Philosophie eben auf Fragen der Argumentations*struktur* scheint Adornos These zu verifizieren – vorausgesetzt freilich, er hat nicht *Kants* Verständnis ‚analytischer Urteile‘ vor Augen: Nach Kant benennen diese eben *jene* Aspekte eines Sachverhalts, welche sie dessen Begriff zufolge bereits enthalten. – Adorno rekurrierte in letzterem Falle auf den *tautologischen* Charakter der ‚verfluchten‘ Sprache.

lediglich als ‚Charaktermasken' eingespannt seien (4, 234). – Es stellt sich allerdings die Frage, ob die (kaum je ausdrücklich benannte) Charaktermasken–Theorie nach Marx sich gegen Mitte des 20. Jahrhunderts überhaupt noch als tragfähig erweist und ob sich das paradigmatische Individuum der westlichen Hemisphäre (nach der ‚Bildungsexpansion' der 1970er–Jahre) nicht längst als zu reflektiert herausstellt, um in der Tat als willenloses Rädchen in der gesellschaftlichen Maschinerie fungieren zu können.[50]

Der historistischen Fundamentalkritik an der Kritischen Theorie muß darüber hinaus auch insofern ein gewisses Mindestmaß an Plausibilität zugesprochen werden, als daß Aussagen wie: der „Mechanismus der Reproduktion des Lebens, seiner Beherrschung und seiner Vernichtung" seien ein und derselbe, zwar auf offen faschistische bzw. kriegerische Zustände gemünzt sind (s.o.) – von Adorno (und Horkheimer) tendenziell aber als gemeingültige Zeitmessung[51] vorgetragen werden (4, 59).

Es kann daher der wohl nicht ganz unberechtigte Verdacht aufkommen, Adornos ganz eigene ‚Metaphysik der Maschinerie' ginge, wie es noch Huxley zum Vorwurf gemacht wurde, ihrerseits von einer „simple[n] Totalentwicklung" aus: „Die ausgepinselte Utopie, wie sehr auch mit materialistisch–technologischen Elementen versetzt und naturwissenschaftlich korrekt, ist dem Ansatz nach ein Rückfall in die Identitätsphilosophie, den Idealismus." (10.1, 118ff.) – Und darin bestünde eine weitere, unerwartete Analogie zur Systemtheorie.[52]

---

[50] Eine Theorie ‚reflexiver Mitspieler' (s.o.) erwiese sich unter Umständen als zeitgemäßer: Die genuin–aufklärerische Hoffnung der Kritischen Theorie, das ‚wissende' Individuum neige verstärkt dazu, die eigene Charaktermaske abzustreifen – etwa im Sinne einer ‚großen Verweigerung' –, hat sich bekanntlich nicht nachhaltig erfüllt. Im Gegenteil befähigt Bildung nicht selten zum virtuosen Umgang mit der eigenen ‚Rolle'.

[51] Die Kritische Theorie insbesondere Adornos aber läßt sich nicht ohne weiteres als Befindlichkeitsprosa ‚aus dem beschädigten Leben' disqualifizieren: Bereits seine Frankfurter Antrittsvorlesung, *Die Aktualität der Philosophie* – abgehalten zwei Jahre *vor* der nationalsozialistischen Machtergreifung – versammelt wesentliche Axiome seiner späteren Entwürfe. – Vgl. diesbezüglich ebenfalls seinen Vortrag vor der Kant–Gesellschaft: *Die Idee der Naturgeschichte* (1932).

[52] Vgl. Habermas, Jürgen: Der philosophische Diskurs der Moderne. A.a.O. S. 426ff.

I.a)β Kulturphilosophische Tiefenmessung

Wirklichen ‚Tiefgang' erfahren Adornos sozialphilosophische Überlegungen zur (pejorativen Konstellation der) *zivilisatorischen Technik* jedoch erst im Zusammenhang seiner kulturphilosophischen und rationalitätstheoretischen Betrachtungen: 1. über die Genealogie *rationaler Technik*, sowie 2. über die (pathologische) „Revolte der Natur"[53], das *Eschaton* ebendieser Genealogie. – Speziell die in der DdA zu findenden Passagen zur Kulturgeschichte instrumenteller Rationalität, jener Bedingung der Möglichkeit *zivilisatorischer Technik*, entfalten dabei mitunter seine einzigen, wenn man so will: *anthropologischen* Reflexionen zum Gegenstandsbereich der Technik – und dies lediglich mittelbar.[54] – Die dort geleistete, ontologische Fixierung herrschaftlicher Rationalität untermauert jedoch die bisher skizzierte, tendenziell pessimistische Technikauffassung Adornos.

1. Genealogie rationaler Technik

Das Ursprungsland der Technik liegt in der Idee. (Friedrich Dessauer)

1.1. Prolog: „Instrumentelle Vernunft" (Max Horkheimer)

Die von Adorno (und Horkheimer) intendierte Kulturgeschichte *rationaler Technik* [1.2.] hat zur Grundlage freilich den Topos ‚instrumenteller Vernunft' – jene zentrale Kategorie der Kritischen Theorie, wie sie Horkheimer im historischen Vorfeld der DdA ausbreitet.[55] Dieser Klassiker der Frankfurter Schule skizziert programmatisch, wenngleich in kritischer Absicht, ebenjenen Rationalitätstypus „technischer Art"[56] und verweist dabei schon vom Wortlaut auf den profanen Geltungsbereich der Technik: Die auch als „subjektive Vernunft" titulierte, instrumentelle ratio beschränke sich, methodisch ausgedünnt, auf „die Fähigkeit der Klassifikation, des Schließens und der Deduktion, ganz gleich, worin der besondere Inhalt besteht"[57]. Wie Horkheimer anmerkt, reagieren seine Überlegungen dabei sowohl auf Friedrich Nietzsches Feststellung, die Vernunft sei „nur ein Werkzeug", als auch auf Max Webers Differenzierung „funktionaler" und „substantieller Rationalität".[58]

---

[53] Vgl. Horkheimer, Max: Zur Kritik der instrumentellen Vernunft. Frankfurt a. M. 1985. S. 93ff.

[54] Der Lektüre jenes Fragments zum *Begriff der Aufklärung* erschließt sich darüber hinaus eine auffällige Nähe zur bereits Jahre zuvor dargelegten Kulturgeschichte technischer Rationalität seitens Ernst Cassirer; bei aller Nuancierung gleichen sich die Entwürfe teils bis in die Schlußfolgerungen sowie vor allem in den theoretischen Referenzen (vgl. Cassirer, Ernst: „Form und Technik." In: Ders.: Gesammelte Werke. Bd. 17. Hg. v. Recki, Birgit. Hamburg 2004. S. 139ff.). – Cassirer selbst jedoch wird, worauf bereits Ralf Konersmann hingewiesen hat, auch hier wieder boykottartig von Adorno (und Horkheimer) verschwiegen – dabei lassen sich selbst in der politischen Haltung Analogien aufzeigen: insbesondere im gemeinsamen Rekurs auf die problematische makrologische Anwendung der Technik in der bürgerlich/kapitalistischen Gesellschaft (Konersmann, Ralf: Kulturphilosophie zur Einführung. Hamburg 2003. S. 144.).

[55] Vgl. Horkheimer, Max: Eclipse of reason. New York 1947. bzw.: Ders.: Vernunft und Selbsterhaltung. Frankfurt a. M. 1982.

[56] Horkheimer, Max: Zur Kritik der instrumentellen Vernunft. A.a.O. S. 17.

[57] Ebd., S. 15.

[58] Ebd., Vorwort zur Neuausgabe/S. 17.

Im Gegensatz zu seinem Pendant „objektive[r] Vernunft" thematisiere jener „stumpfsinnige[ ] Apparat zum Registrieren von Fakten" die eigentlichen Ziele und Zwecke der Reflexion – allgemeine *Begriffe* über *Dinge* und *Handlungen* „bis hinunter zu den *Gefühlen*"[59] – allenfalls mit Blick auf den archaischen Zweck der Selbsterhaltung.[60] Soweit die instrumentelle ratio überhaupt Zwecke verhandle, wären diese zumeist ‚verdinglichter' Art (s.u.), auf die „technische Zusammenfassung faktischer Daten" reduzierte Begrifflichkeiten.[61] – Dementsprechend kann dieser arbeitsteilig–abgespaltene Rationalitätstypus umschrieben werden als sowohl sich, d.h. ‚Vernunft' im umfassenden humanistischen Sinne verleugnende, als auch den jeweils verhandelten Gehalt lediglich als Mittel gebrauchendes *Ethos*.[62]

Die Phänomenologie jener weltweit etablierten Rationalität instrumentellen Charakters wäre nun insofern zu deuten als Symptom einer kulturellen „Krise der Vernunft", als daß das Denken „auf einer bestimmten Stufe entweder die Fähigkeit verlor, eine solche Objektivität überhaupt zu konzipieren, oder begann, sie als einen Wahn zu bestreiten"[63]. Resultat der konsequenten „Formalisierung der Vernunft" wäre ein bodenloser Relativismus; weil die von ihrer eigenen ethisch/moralischen Grundierung abgespaltene Reflexion als solche in diesem Falle lediglich noch in Diensten partikularer Interessen stünde, degeneriere sie zum willfährigen „Werkzeug für alle Unternehmen der Gesellschaft".[64]

Es nehme sich gar so aus, „als ob das Denken selbst auf das Niveau industrieller Prozesse reduziert worden wäre [...].“[65] – Im Gefolge dieser Feststellung insistiert Horkheimer auf der funktionalen Analogie zur Realtechnik, welche die Reflexion – die sie erst ermöglichte – rückwirkend nunmehr absorbiere.[66] Ein weiterer zentraler Befund dabei ist, daß die „Reduktion der Vernunft auf ein bloßes Instrument" letztlich sogar den eigenen instrumentellen Charakter untergrübe und sich somit sprichwörtlich ‚ins eigene Fleisch' schneide: Indem der Prozeß der Aufklärung das Paradigma *objektiver* Vernunft dekonstruierte und, in Konsequenz, durch die „Mechanismen des anonymen ökonomischen Apparats" substituierte (s.o.), hätte er sich des eigenen Fundaments letztlich enthoben.[67]

1.2. Präanimismus

Bereits im Kontext der „im Dunklen" liegenden Phase des *Präanimismus* dann vermuten die Verfasser der DdA die Ursprünge jener *rationalen Technik* des Begreifens. Dieser mit dem Nomadentum verschränkten Lebensform könnten, so die vage Vermutung, lediglich „präpatriarchalische[ ] Stufen" vorangegangen sein; allesamt jedoch (wie auch das folgende Paradigma der *Magie*, s.u.) ließen sich als

---

59 [Hervorhebung von mir.]
60 Horkheimer, Max: Zur Kritik der instrumentellen Vernunft. A.a.O. S. 42/47.
61 Ebd., S. 30.
62 Ebd., Vorwort zur Neuausgabe; S. 16/18.
63 Ebd.
64 Ebd., S. 19/30/32/51.
65 Ebd., S. 30. [Hervorhebung von mir.]
66 Ebd., S. 31.
67 Ebd., S. 27/29–31.

Komponenten einer „archaisch/biologischen“[68] oder ‚mimetischen' Phase charakterisieren, in welcher der Mensch noch kaum dem Schoße der vegetativ/animalischen Natur entwachsen schiene. – Obgleich einzelne Mitglieder der präanimistischen Stammesgesellschaft entsprechend noch Anteil hätten an der „Beeinflussung des Naturlaufs“, würde der allgegenwärtige „Schauder“ (in Anbetracht der Naturgewalten) bereits kultisch/rituell „sanktioniert“: Die so begründeten archaischen „Kategorien“ ermöglichten die sich fortan entfaltende „logische Ordnung“ (3, 36ff.).

Die existentielle Angst des Primitiven in Anbetracht der übermächtigen Naturgewalten gebäre schließlich das *Mana*, das genuine Rationalitätsparadigma der präanimistischen Phase. Wiewohl der Naturlauf als dessen theoretische E–manation bereits Unterwerfung verlange, seien in ihm, im Gegensatz etwa zum platonischen Dualismus, Geist und die von diesem beherrschte Materie (‚Natur') noch ungeschieden; allein durch seinen amorphen Charakter könne es bereits umfassende ‚Einheit' gewährleisten – analog dem wissenschaftlichen Systemcharakter. – Das *Mana* wirke dann im folgenden Animismus untergründig fort, insofern ihm die rationale Separierung von Subjekt und Objekt – das „Potential [...] technischen Verfahrens“ – bereits latent innewohne: etwa wenn ein Baum nicht mehr nur als dieser, sondern als „Sitz des Mana“ apostrophiert werde (3, 31/7, 56).

– Wenngleich also noch aktiv an der vegetativ/animalischen Natur partizipiert würde, wären es insbesondere jene kultische Riten wie auch die Sanktionen etwa des Stammesältesten, welche den sich fortan entfaltenden Rationalismus in die Wege leiteten.[69]

1.3. Magie

Das kulturhistorisch folgende Rationalitätsparadigma der *Magie* repräsentiert für die Autoren der DdA eine schon prononciertere Manifestation techno–logischer „Weltbeherrschung“[70] (3, 27). Weiterhin jedoch wäre die als „blutige Unwahrheit“ denunzierte Zauberei auf die zuvor beschworene Einheit *mit* Natur ausgerichtet – obschon nicht mehr ‚ganzheitlich', sondern mit Blick auf genannte Emanationen (fetischisierte Stoffe und regionale Gottheiten). Der diese beschwörende Schamane, dessen institutionalisierte Tätigkeit dennoch bereits Züge proto–experimenteller Wiederholung[71] aufwiese, hätte dementsprechend noch keine gebündelte Konsistenz des

---

[68] Früchtl, Josef: *Mimesis*. Konstellation eines Zentralbegriffs bei Adorno. (Diss.) Würzburg 1986. S. 36.

[69] Beispielsweise in Stanley Kubrick's filmischer Anthropologie, ‚*2001: A Space Odyssey*' (1968), ist dieser qualitative Sprung, dieser ‚Urknall' in der rationalen Naturbeherrschung, dargestellt im ‚verblüffendsten Schnitt der Filmgeschichte': wenn sich der vom Urmenschen in die Höhe geworfene Knochen – die erste ‚technische Gerätschaft' – übergangslos in ein futuristisches Weltraumvehikel verwandelt.

[70] Freud, Sigmund: Totem und Tabu. Gesammelte Werke. Band IX. London 1944. S. 110. [Zitiert nach 3, 27.] – Ebendiese „Zuversicht“ schreibe die Psychoanalyse insbesondere dem magischen Rationalitätsparadigma zu, nicht etwa den historisch folgenden, ausgeprägteren Paradigmen (ebd.). – Auch Cassirer unterstellt dem Menschen der magischen Phase, *homo divinans*, „Allmachtsphantasien“ (ders.: „Form und Technik.“ A.a.O. S. 155.).

[71] Zur Verwandtschaft von Magie und Wissenschaft vgl. abermals Cassirer: „Form und Technik.“ S. 153ff. – Wie Adorno und Horkheimer rekurriert auch er auf ein Buch James George Frazer's, in welchem dieser den Beginn der „Experimentalphysik“ im Zeitalter der Magie verortet (ders.: The Golden

Selbst erlangt – welcher ja eine objektivierte Natur korrelierte. Adorno und Horkheimer kolportieren provokant, daß der Rationalitätstypus der Magie grundsätzlich verschränkt sei mit „spezifische[r] Vertretbarkeit"; diese greife eigentlicher Abstraktion, Bedingung der Möglichkeit effektiven technischen Zugriffs auf ein beliebiges Objekt, vor: „Was dem Speer des Feindes, seinem Haar, seinem Namen geschieht, werde zugleich der Person angetan [...]."

Die Zwecke magischer Naturbeherrschung aber würden nach wie vor *mimetisch* visiert, etwa mittels der animalischen Verkleidung des Schamanen, und nicht schon in progressiver Distanzierung vom Erkenntnis–Objekt (3, 25f.). Die Praxis der *Mimesis* bzw. der *Mimikry*, hier traditionell zu deuten als Nachahmung der Natur, erfolge dennoch bereits auf *konventionalisierte* Art und Weise; die ‚philosophischen Zwillingsbrüder' sehen die neuzeitlich/technische „Ausrottung" des ‚Animismus'[72] daher antizipiert wiederum im magischen Rationalitätsparadigma (3, 21).

1.4. Mythos

Ich berühre die Erde mit den Füßen, doch ich erkenne sie nicht; ich sehe die Sonne mit den Augen, doch ich erkenne sie nicht. (Pasolinis Medea)

‚Bürgerliche' Zivilisation und damit einhergehend: eigentliche *rationale Technik*, beginnt für die Verfasser der DdA jedoch ‚erst' mit den volksreligiösen Mythen, wie sie in Homers ‚Abenteuerroman' – der *Odyssee*[73] – mytho–logisch ‚zur Vernunft' gebracht werden: Derlei ratio, so die These, wolle zwischen „der Szylla des Rückfalls in einfache Reproduktion" und „der Charybdis der fessellosen Erfüllung" „von Homer bis zur Moderne" hindurchnavigieren (3, 48). – Noch in der *Kritik der instrumentellen Vernunft* unterstreicht Horkheimer demgegenüber den genuin andersartigen Habitus neuzeitlicher Rationalität;[74] auch daß *Odysseus* im Kontext seiner Irrfahrt offensichtlich gerade *nicht* das Kriterium bürgerlicher Seßhaftigkeit erfüllt, ist für die Autoren dabei kein grundlegender Widerspruch.

Als listiger ‚Held' jedenfalls widerstehe er den für Natur und Vergangenheit einstehenden Lockungen der *Sirenen* – womit er *pars pro toto* für das im Entstehen begriffene Bürgertum „mündig" werde. *Adorno und Horkheimer konstatieren die*

Bough. A Study in Magic und Religion. Bd. I: The Magic Art and the Evolution of Kings. London ³1911. S. 52ff.).

72 Stefano Cochetti differenziert im Sinne seiner Lesart das kulturhistorische oder epochale Rationalitätsparadigma der Magie von demjenigen gegenwärtig aufscheinender, metaphorischer „Magie" (in Anführungszeichen) (ders.: Mythos und „Dialektik der Aufklärung". [Diss.] Hain 1985. S. 1ff. – Vgl. diesbezüglich ebenfalls das als ‚Fußnote' der DdA anzusehende Buch Leszek Kolakowskis: Die Gegenwärtigkeit des Mythos. München 1973.).

73 Zu den verschiedenen Inspirationsquellen der von Adorno und Horkheimer verfolgten Exegese der Antike vgl. Geyer–Rahn, Helga und Helmut Lethen: „Von der Dialektik der Gewalt zur Dialektik der Aufklärung. Eine Re–Vision der Odyssee." In: Vierzig Jahre Flaschenpost. „Dialektik der Aufklärung" 1947–1987. Hg. v. van Reijen, Willem und Gunzelin Schmid Noerr. Frankfurt a. M. 1987. S. 44. bzw.: Früchtl, Josef: *Mimesis.* A.a.O. S. 43. und: Schnädelbach, Herbert: „Die Aktualität der *Dialektik der Aufklärung.*" In: Die Aktualität der „Dialektik der Aufklärung". Hg. v. Kunnemann, Harry und Hent de Vries. Frankfurt a. M. 1989. S. 22. bzw. Benjamin, Walter: „Das Paris des *Second Empire* bei Baudelaire." In: Gesammelte Schriften. Bd. I. Frankfurt a. M. 1974. S. 570ff.

74 Vgl. Hesse, Heidrun: Vernunft und Selbstbehauptung. Kritische Theorie als Kritik der *neuzeitlichen* Rationalität. Frankfurt a. M. 1984. [Hervorhebung von mir.]

fortan bestehende ‚Fragmentierung des Seins': die Entfremdung des rationalen „Apparat[s] der Herrschaft" von den natürlichen „Dinge[n] und Kreaturen draußen"[75] *(3, 24/49/53).*

Semiologisch trete das literarische Genre des *Epos* dabei in einen Form/Stoff–Dualismus mit der jüngsten Schicht des Mythos: Die Götter schieden sich von den hylozoistischen Elementen als diese nunmehr be–deutende (In–)Begriffe; sie substituierten überdies die regionalen Geister durch den Himmel und die mit ihm verschränkte, vertikal aufwärts–gerichtete Hierarchie.[76]

Im Lichte der *Soziologie* entsprängen die Gesänge Homers einer Zeit, in der ein ‚Herrenvolk' das unterlegene Kollektiv kolonisierte: Herrschaft über die außermenschliche Natur, so die bedenkenswerte These, verlängere sich schicksalhaft in Herrschaft *von Menschen über Menschen.* Wie auch mikrologisch zu beobachten anhand der demaskierten Arbeitsteilung zwischen *Odysseus* und seinen Gefährten, trete in der patriarchalen Zivilisation an die Stelle des Opfers dessen Introversion: das dynamische Paradigma kommandierter *Arbeit* – neben der *Seßhaftigkeit*, dem säkularisierten Ideal des *Hervorbringens* sowie der späterhin entfesselten *Wissenschaft* eine *der* Entstehensbedingungen neuzeitlicher Realtechnik.[77]

– Schon im mythologischen Zeitalter also, läßt sich rekapitulieren, sehen Adorno und Horkheimer den Beginn eigentlicher Zivilisation: Hier bereits spalte sich der rationale ‚Apparat der Herrschaft' von den natürlichen ‚Dingen und Kreaturen draußen'.

1.5. Metaphysik

Im Übergang zur *Metaphysik* – ihre gebündelte Konsistenz wäre „hart genug", die Mythen zu „zerbrechen" und „auf den gleichen Nenner" zu bringen – konsolidiere sich der mythische Götter–Kosmos als antiker „höchste[n] Gott" (3, 20/22f./29). Wären von Platons Ideenlehre auch die patriarchalen Götter „erfaßt" worden, so bringt, folgt man dieser Logik, Aristoteles' Absolutes diesen Prozeß der Rationalisierung zu seinem Ende (die mythische Wiederkunft würde teleologisch entzaubert). Die *Zahl* formuliere demgemäß den von Platon a priori abgesteckten „Kanon der Aufklärung".

Nichtsdestotrotz entsprächen die nunmehr inthronisierten Hypostasen der Ontologie weiterhin Platzhaltern derjenigen Stellen, welche vormals die mythischen Gestalten (bzw. die magischen Dämonen und Stoffe) innehatten. (3, 22f.). Mit demselben rationalen Instrumentarium, anhand dessen Juden– und Christentum jenen den Mythen noch inhärenten „Bann" jedoch liquidierten, würden sie diesen, genährt vom verdrängten „Schrecken des Inkommensurablen" (s.u.), als „Idolatrie" reproduzieren (3, 201).

---

[75] [Hervorhebung von mir.]

[76] Dem systematisierten Götter–Pantheon des mythologischen Kosmos allerdings wohnten, eben aufgrund seiner polytheistischen Existenzweise, noch Züge des ‚ganzheitlichen' *Mana* inne.

[77] – Dann freilich affirmativ gewendet, als nicht lediglich Sklaven und Leibeigenen vorbehaltene Arbeit. – Vgl. ebenfalls Fischer, Peter: „Zur Genealogie der Technikphilosophie." In: Technikphilosophie. Von der Antike bis zur Gegenwart. Hg. v. Fischer, Peter. Leipzig 1996. S. 258. sowie: Nachdenken über Technik. Die Klassiker der Technikphilosophie. Hg. v. Hubig, Christoph. Berlin 2000. S. 20.

Auch deshalb gerate die klassische Metaphysik, erstarrt im vulgären Gewand der Monotheismen, zusehends ins Visier der von den *artes* nunmehr vollends separierten Kritik szientifischer Rationalität. Die fundamentale Aporie des Glaubens, Übereinstimmung und Gegensatz zum Wissen permanent hervorkehren zu müssen, wäre nicht länger aufrechtzuerhalten (3, 37ff.).

1.6. Aufklärung

Die geistesgeschichtliche *Aufklärung* dann, „Wendestelle[ ] der westlichen Zivilisation", vernehme im Rationalitätsparadigma der Metaphysik *wiederum* die „alten Mächte" (3, 22/49). Ihr Medium wäre *jene* Philosophie, welche den eigenen Systemcharakter zur Programmatik erhebe. Auch die ‚*dunkle* Seite der Aufklärung' könne dieser Methodologie nur scheinbar entsagen: Nicht ohne Ironie insistieren Adorno und Horkheimer auf der organisatorisch/formalen Verwandtschaft der Kantischen Theorie–Kathedralen mit den „Turnerpyramiden der Sadeschen Orgien" (3, 107). – Trotz gegenteiliger Behauptungen, so die Quintessenz, wäre die *ethische* wie auch die *sinnliche* Dimension der Vernunft deren funktionalem, eben *technischen* Charakter fortan untergeordnet.[78]

Nichtsdestotrotz – abermals wird, mit Nietzsche und mit Weber, hingewiesen auf die implizite religiöse Triebfeder, die „moralische[ ] Strenge" derartiger Ideen und Praktiken im Zeichen von „Harmonie und Vollendung": Genuine instrumentelle Vernunft also wäre immer noch nicht hergestellt (3, 16/108).[79] ‚Aufklärung' tendiere dennoch dazu, das zivilisatorische Mindestmaß an Glauben zu unterminieren (s.o.); die idealistische „Gleichung von Geist und Welt", sie ginge allenfalls „gekürzt" auf (3, 43).

1.6.1. Positivismus

Der Aufklärungsprozeß beiderlei Verständnis münde schließlich in der genuinen *rationalen Technik* des *Positivismus*; dieser markiere gleichzeitig das Endprodukt der nachgezeichneten Kulturgeschichte instrumenteller Vernunft. Ideengeschichtlich existent seit Anne Robert Jacques Turgot und Jean–Baptiste le Rond d'Alembert, praktisch seit Napoléon Bonaparte, repräsentiere er die rigorose Affirmation[80] des unmittelbar sinnlich–Vorfindbaren.

---

[78] Es stellt sich allerdings die Frage, ob mit dieser normativ–aufgeladenen Deutung der geistesgeschichtlichen Aufklärung nicht Vorschub geleistet wird der allseits geschmähten Identitätslogik (s.u.): Vernunft hier – Gefühl dort.

[79] Das etwa für Kants Ästhetik bedeutsame „stoische Ideal der Symmetrie" hingegen wird an dieser Stelle argumentativ unterschlagen: Vgl. Schopenhauer, Arthur: „Kritik der kantischen Philosophie." In: Ders.: Die Welt als Wille und Vorstellung. A.a.O. S. 575ff. bzw.: Horn, Hans–Jürgen: „Stoische Symmetrie und Theorie des Schönen in der Kaiserzeit." In: Aufstieg und Fall der römischen Welt Bd. II. Principat 36.3. Hg. v. Temporini, Hildegard. Berlin [u.a.] 1989. S. 1454ff.

[80] ‚Affirmation' im doppelten Sinne des Wortes: als (scheinbar) wertneutrale Akzeptanz des vorgefundenen sinnlichen Scheins einerseits; als deren (implizite) positive Bewertung andererseits (vgl. Dahms, Hans–Joachim: Positivismusstreit. Die Auseinandersetzung der Frankfurter Schule mit dem logischen Positivismus, mit dem amerikanischen Pragmatismus und dem kritischen Rationalismus. A.a.O. S. 307.)

Etwa in der modernen *Mathematik* verdingliche sich Reflexion zum „automatischen Prozeß, der Maschine nacheifernd“ (3, 42). Jenes im unverdächtigen Gewande auftretende Denken auch der *formalen Logik* zeige sich zur Gänze ‚gereinigt' von meta–physischen Zwecken. Diese ‚zweck–lose' Weise der Reflexion wird, hyperbolisch, denunziert als Rückfall in die ‚einfache Reproduktion', als ‚automatisierte Selbsterhaltung'.

Ihr performatives Endprodukt finde die (scheinbar) zu sich selbst gekommene ratio daher im „Prinzip der Identität“, jener „oberste[n] geistige[n] Reflexionsform“ der „Unterdrückung von Natur“: In Analogie zum „materiellen Werkzeug, das in verschiedenen Situationen als dasselbe festgehalten wird und so die Welt als das Chaotische [...] vom Bekannten, [...] Identischen scheidet“, firmiere nunmehr *auch der Begriff* als „ideelle[s] Werkzeug, das in die Stelle an allen Dingen paßt, wo man sie packen kann.“ (1, 121/3, 56f./10.2, 623/16, 379/N 4.16, 21)

Abgesehen davon, daß Adorno anderweitig, zumal in jungen Jahren, positive Methoden wie die Empirie in Maßen durchaus für zweckdienlich befindet, verwundert es jedoch, daß er (in diesem Kontext) aber nun gerade nicht auf den Grundwiderspruch des Positivismus zu sprechen kommt: die kolportierte Objektivität des *tertium comparationis – nolens volens verbleibt* dieses ja metaphysische Instanz.

1.6.1.1. Kritik der identitätslogischen Vernunft

Wie die Realtechnik determiniert ist von der sie erst ermöglichenden *rationalen Technik*, so ist diese, speziell als positivistisch–entkleidete, verschränkt wiederum mit ihrer potentiell–‚identitätslogischen' Funktionsweise: Der positivistischen ratio, vordergründig bedacht auf objektive Evidenz, liege zu Grunde eine ganz bestimmte, auf das Realitätsprinzip vereidigte Dynamik der Reflexion, in welcher „das Ohnmächtige“ davon entbunden wäre, „sich Ausdruck zu verschaffen“ (3, 39).

Diese Funktionsweise, sie beanspruche universelle Geltung („Aufklärung ist totalitär.“), konkretisieren Adorno und Horkheimer implizit anhand der für den (Post–)Strukturalismus konstitutiven Semiotik Ferdinand de Saussures – dieser unterteilt das (sprachliche) Zeichen bekanntlich in das sinnliche *signifiant* sowie das abstrakt und willkürlich zugeordnete *signifié*: Besagte Identitätslogik, deren Kritik Adorno in seiner *Negativen Dialektik* methodisch forciert, proklamiert nun die umfassende Übereinstimmung des Zeichens bzw. des Begriffs mit dem unter diesen summierten, ‚begriffenen' Gehalt (3, 22). Deren älteste Variante repräsentiere die Gleichsetzung von platonischer Idee und Zahl bzw. das seit Parmenides bestehende Postulat der ‚Einheit' (s.o.). (Auf Grundlage dieser Überlegungen konstatiert Adorno süffisant, daß, während der „introvertierte Gedankenarchitekt“ „hinter dem Mond“ lebe, die „extrovertierten Techniker“ – die Technokraten jedweder Provenienz – diesen „beschlagnahm[t]en“ [6, 15].)

Bedingung der Möglichkeit jener Logik der Identität, die hierarchische *Trennung* von Zeichenausdruck und –gehalt, wäre dabei jedoch nicht als selbstverständlich anzusehen; etwa in der Hieroglyphe wären beide Instanzen noch ungeschieden (s.o.).[81] Kritiker des semiotischen Ansatzes betonen daher die anthropologische Beschränktheit eines solchen „Nominalismus“, auch im Hinblick auf die ästhetische Erfahrung oder aber ‚existentielle‘ Affekte (3, 79). Die „bloße Subsumtion“ unter Begriffe – Adorno sieht sich hier in der Tradition Henri Bergsons und Max Schelers – bezeichnet er daher als intellektuellen Reduktionismus: als „bloße Technik“, welche eigentliche, ‚unreglementierte‘ „geistige[ ] Erfahrung“ als (zu) unberechenbar zu eliminieren trachte; derlei *rationale Technik* verbliebe „im Bereich der bloßen Herrschaft [...] über Unbegriffenes“ (N 4.16, 126ff.). – Weitaus problematischer allerdings erscheint, darüber hinaus, die ethische Rückübersetzung dieses Sachverhalts: Jene ‚Aufklärung‘ fortschreitend zum Opfer fallende qualitative Besetzung der Begriffe ginge vonstatten, wie es „Rentner[n] vor den industriellen Trusts“ erginge: das ‚Nichtidentische‘ des Begriffs würde gewaltsam integriert oder abgetrennt – nicht jedoch pluralistisch ‚beigeordnet‘ (wie im Bereich der Kunst, s.u.) (3, 39).

Kritik der identitätslogischen, ‚technischen‘ Relation von Begriff und Begriffenem sieht Adorno zudem antizipiert beim späten Marx[82]: Dieser insistiert darauf, daß allein die dem Begriff korrespondierende *Arbeit*, ob nun rationaler[83] oder materialer Art, *keineswegs* ‚Quelle allen Reichtums‘ ist, sondern daß derlei Hybris die falsche romantische Annahme von der „Vormacht des erzeugenden Prinzips“ lediglich gesellschaftstheoretisch prolongiere (ein Vorwurf, der wiederum auch Marx unterbreitet wurde) (6, 179). ‚Wahrheit‘ im Hinblick auf die Korrelation von Begriff und Begriffenem wäre einzig zu erlangen in der (zweiten) Reflexion auf das Nichtidentische (s.u.), für das Marx den Ausdruck ‚Natur‘ verwende. – Was Adorno an dieser Stelle verschweigt, Marx hingegen präsent ist: *Gerade* die Berufung auf Natur (*natura naturans*) aber ist seit jeher *einhergegangen* mit der Apologie des ‚erzeugenden Prinzips‘.[84]

Auf der biographischen Folie der „amerikanische[n] Erfahrung“, der institutionellen Selbstbeschränkung auf ‚*research*‘, verteidigt Adorno daher *de facto* bereits die ‚*différance*‘[85] (Jacques Derrida): Es sei schwer, zu bestimmen, „ob tatsächlich die Gleichheiten das Entscheidende, die qualitativen Differenzen das bloß Rückständige sind, und vor allem: ob nicht in einer vernünftig eingerichteten Welt das qualitativ Verschiedene wiederum zu einem Recht käme, das gegenwärtig von der Einheit der technologischen Vernunft nur unterdrückt wird.“ (10.2, 737) – Im Gegensatz zur späteren französischen Fundamentalkritik jener Identitätslogik allerdings

---

[81] Innerhalb der Typologie der zeitgenössischen Linguistik kann lediglich die *Ikone* als Symbiose aus Zeicheninhalt und –ausdruck erachtet werden.

[82] Ders.: „Randglossen zum Programm der deutschen Arbeiterpartei.“ In: MEW. Bd. 19. A.a.O. S. 15ff.

[83] Die Annahme *rationaler* Arbeit ist in der marxistischen Tradition freilich keinesfalls derart selbstverständlich, wie es an dieser Stelle scheint. (Auch Adorno gilt ‚der Kapitalist‘ zumeist als Nicht–Arbeiter, s.o.)

[84] Vgl. diesbezüglich Marxens Kritik an ‚Dr. Qesnay’s Physiokratismus‘ bzw. ganz allgemein: den ‚Genie‘–Gedanken (MEW. Bd. 40. S. 531ff. bzw.: Schmidt, Jochen: Die Geschichte des Genie–Gedankens in der deutschen Literatur, Philosophie und Politik 1750–1945. Heidelberg ³2004.).

[85] „Könnte man die différance definieren, so müßte man sagen, daß sie sich der Hegelschen Aufhebung überall, wo sie wirkt, als Grenze, Unterbrechung und Zerstörung entgegenstellt.“ (Derrida, Jacques: Randgänge der Philosophie. Wien 1996. S. 29ff.)

wählt Adorno den ‚nikomachischen' Mittelweg – läuft (verbale) Kritik des Nominalismus bekanntermaßen Gefahr, „einen Standort außerhalb des Begriffs voraus[zu]setz[en], was der Diskursivität der Kritik widerspricht."[86]

– Zu bilanzieren jedenfalls ist mit Blick auf den weiteren Verlauf die dezidiert pejorative Konnotation der Identitätslogik: Das ‚unbegriffene' Nichtidentische des Rationalismus würde eben gewaltsam integriert oder abgetrennt; wie sich verdeutlichen wird, brächte dies massive Komplikationen mit sich.

1.7. *Fortschritt*

Eine kulturwissenschaftliche Abhandlung zum Geltungsbereich der Technik kann auch den insbesondere mit dem positivistischen Weltbild verschränkten *Fortschritts*topos nicht vernachlässigen – zumal Adorno sich diesbezüglich ‚systematisch' äußert: Sein schlicht *Fortschritt* betitelter Essay versucht, sich der *Dialektik* dargelegter *Genealogie rationaler Technik* anzunähern, und zwar aus stärker *geschichts*philosophischer Blickrichtung, als dies dann unter dem genuin–kulturphilosophischen Oberbegriff einer *(pathologischen) Revolte der Natur* der Fall sein wird (s.u.).[87]

Ideengeschichtliche Rudimente jener gängigen Fortschrittskonzeption beobachtet Adorno bereits im „Theorem der mittleren Stoa vom Universalstaat". Demgemäß reduziert er den antiken Fortschrittsbegriff keineswegs auf dessen *retro*spektiven Charakter: Schon Augustinus vereine „alle Abgründe der Fortschrittsidee" – und visiere deren Überwindung (10.2, 620f.).

Adornos Skizze wiederum *seiner* Fortschrittskonzeption verbleibt gewohnt ambivalent: „Was man zu dieser Stunde unter Fortschritt sich zu denken hat, weiß man vag, aber genau [...]." Daher, so die Schlußfolgerung, könne dessen Begriff „gar nicht grob genug" gebraucht werden; der begriffsdeduktionistische Ansatz verblende hier lediglich gegen „das, was er verheißt": *die „Antwort auf den Zweifel und die Hoffnung, daß es endlich besser werde, daß die Menschen einmal aufatmen dürfen*"[88]. – Nicht von ungefähr rekurriert er daher auf die ‚messianischen' *geschichtsphilosophischen Thesen*[89] Walter Benjamins: Diese zählten zu dem „Gewichtigsten", „was zur Kritik der Fortschrittsidee von seiten solcher gedacht wurde, die man krud politisch zu den Progressiven zählt [...]." (10.2, 617ff.)

Die *eigentliche* Polyvalenz auch seiner Fortschrittskonzeption – in ihrer Verschränkung wiederum mit derjenigen der Technik – verdeutlicht sich dann *pars pro toto*, wenngleich negativ, in folgendem Passus: „Wer sich in Erinnerung an den Untergang der Titanic demütigzufrieden die Hände reibt, weil der Eisberg dem Fortschrittsgedanken den ersten Stoß versetzt habe, vergißt oder unterschlägt, daß der im übrigen keineswegs schicksalhafte Unglücksfall Maßnahmen veranlaßte, welche ungeplante Naturkatastrophen der Schiffahrt im folgenden halben Jahrhundert verhüteten." (10.2, 630) – Grundsätzlich, ließe sich festhalten, ist Adorno fortschritts–

---

[86] Schmid Noerr, Gunzelin: Das Eingedenken der Natur im Subjekt. Zur Dialektik von Vernunft und Natur in der Kritischen Theorie Horkheimers, Adornos und Marcuses. Darmstadt 1990. S. 27.

[87] – Der *affirmativen* Konnotation des Fortschritts ist hier jedoch bisweilen vorzugreifen.

[88] [Hervorhebung von mir.]

[89] Benjamin, Walter: „Über den Begriff der Geschichte." In: Ders.: Gesammelte Schriften. Bd. I/2. Frankfurt a. M. 1974.

und technik–freundlich gestimmt, mit Abstrichen. Berechtigterweise insistiert er darauf, daß selbst die nachvollziehbaren Beweggründe der genuinen Kulturkritik späteren ‚Fortschritt' dialektisch erst motiviert hätten.

Die vor der positivistischen „Begrenztheit auf Techniken", der einseitigen Fokussierung auf methodologische wie realtechnische Fragen, gebräuchliche Konnotation „*hinausführenden* Fortschritts" dagegen – das „immanent–sozialistische Element des Fortschritts" – scheint ihm zur Zeit verbaut (s.o.) (4, 221; 10.2, 632/638[90]). Melancholie ist nicht zu verkennen, wenn erneut vom ‚Paradoxon' die Rede ist, „daß es im hochindustriellen Zeitalter überhaupt noch so etwas wie Geschichte gibt, während seine Archetypen, der erste Schornstein, der erste Zylinderhut, bereits die Idee einer technischen Verfügung über die Zeit suggerierten, in der Geschichte stillsteht […]."[91] (3, 308f.)

In diesem Zusammenhang dann antizipiert er jene ihrerseits polyvalente ‚Unübersichtlichkeit' der reflexiven Moderne: Nicht nur konvergierten die „vorgeblich konservativen Mächte" immer wieder mit dem „profitablen Prinzip des industriellen Fortschritts"; wie genannt forciere die so bewirkte Konservierung der bestehenden Produktionsverhältnisse negativ wiederum die Ausbildung *herrschaftlichen* Fortschritts (s.o.) (8, 236). – Der gegenwärtige Vollzug des (technischen) Fortschritts jedenfalls erinnere an das Bild eines „Riesen, der nach unvordenklichem Schlaf langsam sich in Bewegung setzt, dann losstürmt und alles niedertrampelt, was ihm in den Weg kommt […]." (10.2, 625)

Wenngleich der „Engel mit dem feurigen Schwert", der die Menschheit (auf Grundlage dessen) „aus dem Paradies auf die Bahn des technischen Fortschritts trieb", gegenwärtig als dessen Inbegriff firmiere, ließe sich dem in der *Negativen Dialektik* zynisch konstatierten Diktum eines ‚Fortschritts von der Steinschleuder zur Megabombe' jedoch entgegnen, daß – obschon jenes ‚immanent–sozialistische Element des Fortschritts' verbaut schiene – im „Zeitalter der Bombe"[92] die Überwindung gewaltsamer Auseinandersetzungen in greifbare Nähe überhaupt erst gerückt sei (3, 205/10.2, 629).

---

90 [Hervorhebung von mir.]

91 Vgl. diesbezüglich die ähnlich gelagerten *nunc stans*–Konzeptionen bei Walter Benjamin (*Kairos*), bei Marcel Mauß (*Potlatsch*) sowie bei Jean Baudrillard (*punctum* bzw. *Ereignis*).

92 Adorno überrascht, indem er *de facto* einnimmt die kämpferische Position eines ‚Gleichgewicht des Schreckens'.

2. (Pathologische) Revolte der Natur

Wiederum Horkheimers Figur einer *(pathologischen) Revolte der Natur* markiert das zweite zentrale Prisma, anhand dessen sich Adornos kulturphilosophische Überlegungen zur pejorativen Konstellation *zivilisatorischer Technik* rekapitulieren lassen:[93] Vorausgesetzt, die durchaus normativ[94] eingeforderte (Selbst–)Reflexion auf die Naturwüchsigkeit von ratio und Technik bliebe aus (s.u.), kulminierte nun die „Unterwerfung alles Natürlichen unter das selbstherrliche Subjekt" in der reaktiven Herrschaft wiederum „des blind Objektiven" „furchtbare[r] Natur" (3, 16/134). – Wolle Aufklärung dem *circulum vitiosum* von „Schicksal und Vergeltung" entrinnen, indem sie wiederum an diesem Vergeltung übe, verfinge sie sich stattdessen in der Aporie ihres eigenen Prinzips: Für die dem unmittelbaren Naturzusammenhang (technisch) abgetrotzte Macht werde bezahlt zunächst mit der *Entfremdung* vom Beherrschten; im mannigfachen Vollzug der Revolte dann existiere „kein Halten mehr" für das vormals unterdrückte – und genau deswegen in seinem Schrecken bestärkte – Nichtidentische bürgerlich/instrumenteller Rationalität (s.u.) (3, 22/28).

Als gewichtige historische Erscheinungsbilder einer derartigen Revolte führen Adorno und Horkheimer auf insbesondere jene augenscheinlich inkommensurablen ‚extremen Phänomene' (Baudrillard) 1. des Faschismus, 2. des Staatssozialismus sowie jene ‚dritte Vorhölle' der Kulturindustrie (s.u.). – Steht für Adorno gegen Ende des kumulativen Konkurrenzkampfes der „totalitäre[ ] Kapitalismus" in den drei genannten Schattierungen, so verunmögliche dieser zunächst die Befriedigung der vormals evozierten ‚falschen Bedürfnisse' (Platon), bevor er schließlich zur technisch/administrativen „Ausrottung der Menschen" treibe (3, 73). Dahingehend verwendet Adorno den Klimax einer sich „als gefräßige Industrie, als Imperialismus, schließlich als Faschismus" stufenweise entfaltenden „Totalität der bürgerlichen Klasse" (16, 568).[95] – Den empirischen Beleg dieser These sieht (nicht nur) Adorno in den Ereignissen der Jahre 1929–45 – wohingegen freilich die immer wieder erfolgreich vollzogenen Häutungen der profitorientierten Wirtschaftsweise diese Annahme *in ihrer Notwendigkeit* zu widerlegen scheinen.

Vor allem ersterer Realtypus einer Rebellion entstellter Natur dabei ist es, den die Verfasser der DdA – nicht ohne Hybris – als Analogon der Funktionsweise „[t]echnische[r] Rationalität heute" bemühen: Diese verhielte sich „wie der Diktator

---

[93] Disziplinäre Einheit kann hier jedoch kaum bewahrt werden; abermals scheint ein sozialphilosophischer, genauer: ein (sozial–)psychologischer, Seitenblick von Nöten.

[94] Vgl. unteres Kapitel zum *Eingedenken der Natur (im Subjekt)* (S. 118ff.) – Bekanntlich kritisiert Habermas die frühe Kritische Theorie im Hinblick auf deren etwaigen *Mangel* an Normativität (Der philosophische Diskurs der Moderne. A.a.O. S. 156.). Und in der Tat orientiert sich diese sehr stark an Hegels bestimmter Negation sowie Max Webers und Marxens Ansatz, die ‚objektiven' Entwicklungen möglichst wertfrei zu eruieren. – Schon bei letzterem aber macht sich implizite Normativität bemerkbar, und zwar mittels eines allgegenwärtigen Zynismus, dem Adorno freilich in nichts nachsteht (s.o.).

[95] Angesichts derartiger Thesen verwundert Adornos Irritation in Anbetracht der Zweckentfremdung seiner ‚Flaschenpost': Noch 1967, d.h. unmittelbar nach dem Tode Benno Ohnesorgs, unterbreitet er seinen Studenten – dies ist filmisch dokumentiert – *sie* übernähmen heute die gesellschaftliche (Sündenbock–)Funktion des Nichtidentischen, welche vormals noch die Deutschen formal–jüdischer Religionszugehörigkeit inne gehabt hätten (vgl. auch: Frankfurter Schule und Studentenbewegung. Von der Flaschenpost zum Molotowcoctail. Hg. v. Kraushaar, Wolfgang. Hamburg 2003. bzw.: 10.1, 759ff./20.1, 398ff.).

zu den Menschen", eben „totalitär" (3, 22/25/142). Ethisch–fragwürdiger Gehalt („Unrecht, Haß, Zerstörung") avanciere zusehends „zum Betrieb", seit die formalisierte ratio – eben wie geschildert – die vormals gültigen, objektiven Normen als „Blendwerk" entlarvt hätte (s.o.) (3, 124).

Jene technologische Arbeitslosigkeit, auf Grundlage der bestehenden Ordnung mehr Fluch denn Segen, beschere den totalitären Bewegungen dabei „mit teuflischer ‚Rationalität'" regen Zulauf; die sozial–psychologisch verdrängte Option umfassender technischer „Ersetzbarkeit" entfremdeter Arbeit wäre – als *Inbegriff* der pathologischen Revolte – umgeschlagen in jenes Paradigma technisch/administrativer „Ausrottung". Wie angedeutet hätten sich die Produktivkräfte ihrer Fesseln bisher „[e]inzig in Aussicht auf totale Vernichtung" entledigen können (3, 209ff./232; 8, 367/438/451). Das Dogma des „‚Ausschöpfens' [...] technischer Möglichkeiten", die annähernd zwanghafte Entfaltung der Technik *um ihrer selbst willen*, erwiese sich dabei als irrationales Wesensmerkmal eines Systems, welches vielmehr „Ausnutzung der Kapazitäten verweigert, wo es um die Abschaffung des Hungers geht"[96] (3, 161f.). – Buchstäblich ließe die Technik die aristotelische „Hand, die sie schuf", „vergessen" (10.1, 310).

In Abwandlung der ‚langsameren Umwälzung des Überbaus' nach Marx konzediert Adorno daher, daß zwischen der beschleunigten Entfaltung der gattungsspezifischen Geschicklichkeit – der Technik – und der Fähigkeit, diese „zu kontrollieren und sinnvoll anzuwenden", „krasse Mißverhältnisse" bestünden (17, 258). *In concreto* etwa beraube die monopolartig–zentrierte Industrie, mit „Abschaffung des unabhängigen ökonomischen Subjekts", den ethischen Handlungsspielraum seines ökonomischen Fundaments: Es würde „die Liebe kassiert" (3, 127/224). – Offen aber bleibt an dieser Stelle, warum, wenn das Konkurrenzprinzip in der Tat als ideologisches Relikt firmiert, nicht auch die individuelle ‚moralische Entscheidung' wieder Spielraum erlangte.

Vor dem Hintergrund des Gesagten jedenfalls wäre „Horror vor der Technik", Angst also in Anbetracht ihres Kontroll– und Destruktionspotentials, *nicht lediglich* „muffig und reaktionär", sondern mitunter durchaus begründet[97] (10.1, 380). Mit Blick beispielsweise auf die italienischen Futuristen wäre Adorno daher beizupflichten, wenn er konstatiert, die Einnahme der technologisch–avanciertesten Position bewahre nicht notwendig davor, „politisch und kulturell [...] autoritäre und kraß reaktionäre Prinzipien" zu vertreten (20.2, 610).[98]

---

[96] Vgl. etwa die ‚schnelle und unbürokratische' „Rettung notleidender Banken" im Kontext der Weltwirtschaftskrise 2008ff.

[97] Vgl. hierzu etwa: Jonas, Hans: Das Prinzip Verantwortung. Versuch einer Ethik für die technologische Zivilisation. Frankfurt a. M. 1979.

[98] Insofern „zahlreiche Menschen" dahingehend zu charakterisieren seien – er spricht vom „Problem des Modernen" –, antizipiert Adorno somit abermals (kritisch) jene postmodernistische Haltung, welche Habermas mit Referenz auf Gehlen dem Zeitgeist dann der 1980er–Jahre attestiert. (Jean-François Lyotard zufolge läßt sich diese bereits anhand der US–amerikanischen Literatur der 1950er- sowie anhand der spezifischen Architektur der 1970er–Jahre ästhetisch aufzeigen (vgl. ders.: Das postmoderne Wissen. Ein Bericht. Wien ^{5}2005.)

2.1. Prolog: Sigmund Freud und *Das Unbehagen in der Kultur*[99]

Der Mechanismus jener Revolte (technisch) unterdrückter Natur – der „Freudsche[ ] Mechanismus“[100] – findet sein theoretisches Vorbild freilich in Freuds großem Essay über das *Unbehagen in der Kultur*: Das gesellschaftlich verwurzelte Axiom der „Kulturfeindlichkeit“, so Freud, würde gespeist aus dem unterschwelligen Glauben, „wir wären viel glücklicher, wenn wir [die Kultur[101]] aufgeben und in primitive Verhältnisse zurückfinden würden.“[102] – Kulturgeschichtlich wäre immer wieder zu beobachten „eine tiefe, lang bestehende Unzufriedenheit mit dem jeweiligen Kulturzustand“[103], welche sich dann eruptiv bahnbrechen könne, schlimmstenfalls eben nach obigem Modell.

Gegenwärtig beispielsweise, 1930, trüge die Erkenntnis Früchte, die umfassende „Unterwerfung der Naturkräfte“ hätte die Menschheit keineswegs glücklicher hinterlassen.[104] – Freud bescheinigt dieser Feststellung partielle Berechtigung; kommt aber, auf Grundlage einer differenzierten Analyse, zu dem *affirmativen* Ergebnis, daß, „was der Mensch durch seine Wissenschaft und Technik auf dieser Erde hergestellt hat“, vielmehr einem ‚Märchen' gleichkäme.[105]

Mit der normativen Ordnung des sozialen Feldes erst beginnt dabei für Freud Kultur: Die individuellen Mitglieder des politisch/kulturellen Verbundes beschränkten sich vor dem Recht – ob freiwillig oder nicht – in ihren „Befriedigungsmöglichkeiten“, „während der einzelne keine solche Schranke kannte“.[106] Zwar firmiert die individuelle Freiheit hier gerade *nicht* als ‚Kulturgut' – Freiheitsbestrebungen in Form der „Auflehnung gegen eine bestehende Ungerechtigkeit“ könnten den Zivilisationsprozeß immerhin forcieren –;[107] „[e]s kann aber auch“, und diese Stelle scheint zentral für die Rekonstruktion jener *pathologischen Revolte* bei Adorno (und Horkheimer), dem ‚nicht–identischen' „Rest der [...] von der Kultur ungebändigten Persönlichkeit entstammen und so Grundlage der Kulturfeindlichkeit werden.“[108]

Auch die bürgerlich/nikomachische Trieberfüllung aber berge ihre Risiken: Es wäre jederzeit denkbar, „eine größere Menge von Menschen in Liebe aneinander zu binden“ – „wenn nur andere für die Äußerung der Aggression übrigblieben.“[109] –

---

[99] Freud, Sigmund: Das Unbehagen in der Kultur. Und andere kulturtheoretische Schriften. Frankfurt a. M. [10]2007.

[100] Gray, John: Die Geburt al–Qaidas aus dem Geist der Moderne. München 2004. S. 150.

[101] Freuds verallgemeinerungsfähiger Begriff der ‚Kultur' inkludiert „die ganze Summe der Leistungen und Einrichtungen [...], in denen sich unser Leben von dem unserer tierischen Ahnen entfernt und die zwei Zwecken dienen: dem Schutz des Menschen gegen die Natur und der Regelung der Beziehungen der Menschen untereinander.“ (Freud, Sigmund: Das Unbehagen in der Kultur. A.a.O. S. 55ff.) Darüber hinaus habe als Bestandteil der kulturellen Sphäre zu gelten: die „Verehrung der Schönheit“ sowie die „intellektuellen [...] Leistungen“ (ebd., S. 58/60).

[102] Ebd.

[103] Ebd., S. 53.

[104] Ebd., S. 54.

[105] Ebd., S. 54/57.

[106] Ebd., S. 60f.

[107] Ebd.

[108] Ebd.

[109] Ebd., S. 78.

Der Drang des *Eros* zeige sich legiert mit dem Wirken des *Thanatos*, des sogenannten Todestriebes – Hindernis wie Legitimation zugleich von Kultur.[110]

„[B]arbarisch" wäre dementsprechend, „was der Gegensatz zu kulturell ist" – ebendieser ‚naturbelassene' Zustand müsse ontogenetisch nach wie vor jeweils „mühselig" erst überwunden werden.[111] Ansonsten – hier scheint auf wiederum Freuds starke Beeinflussung durch Schopenhauers und Nietzsches pessimistische Anthropologie – gereiche dem „ungebändigten" Individuum, „wenn die seelischen Gegenkräfte, die sonst hemmen, weggefallen sind", sein „Nächster" unter Umständen zur „Versuchung, seine Aggression an ihm zu befriedigen, seine Arbeitskraft ohne Entschädigung auszunützen, ihn ohne seine Einwilligung sexuell zu gebrauchen"[112].

Zumeist allerdings würde der Aggressionstrieb als ‚Gewissens'instanz kulturell sublimiert, „introjiziert"; diese Instanz dann übe, Freud zufolge, „dieselbe strenge Aggressionsbereitschaft aus, die das Ich gerne an [...] fremden Individuen befriedigt hätte".[113] Analog bilde auch die soziale Makroebene ein solches „Über–Ich" aus: die Ethik.[114] – Gewissen und Ethik als kulturelle Instrumente der Zivilisierung – dieser Gedankengang besitzt besondere Relevanz für die Kritische Theorie – hinterließen lediglich die (sozial–)psychologische Pathologie als Kompensationsventil zweiter Potenz: „[S]oll man nicht zur Diagnose berechtigt sein, daß manche Kulturen – oder Kulturepochen – möglicherweise die ganze Menschheit – unter dem Einfluß der Kulturstrebungen ‚neurotisch' geworden sind?"[115] (Etwa der modernen „Angststimmung" liege zugrunde die Tatsache, daß der Stand der Technik es zuließe, „einander bis auf den letzten Mann auszurotten".[116])

---

110 Freud, Sigmund: Das Unbehagen in der Kultur. A.a.O. S. 82–85.

111 Ebd., S. 59.

112 Ebd., S. 76.

113 Ebd., S. 86f.

114 Ebd., S. 104f.

115 Ebd., S. 106.

116 Ebd., S. 108.

2.2. „Naturbeherrschung" (Francis Bacon)

Die Rationalität, von deren Allgemeinheit wir [...] sprechen, ist [...] von Anbeginn eine Rationalität der Naturbeherrschung, der Kontrolle der außer– und der innermenschlichen Natur. (N 4.13, 21[117]*)*

Francis Bacons Programm der „*Naturbeherrschung*"[118] repräsentiert nun das zentrale begriffliche Fundament, auf Grundlage dessen der ‚gnadenlose' technisch/rationale Zugriff auf die entzauberte Natur – notwendige Bedingung ihrer späteren Revolte – von Adorno zum Gegenstand erhoben wird: Etwa im Fragment zum *Begriff der Aufklärung* (s.o.) wird die Technik, geronnene „Organisationsform" rationaler wie materieller Arbeit, ausdrücklich benannt als das „Wesen dieses Wissens" eben um die Naturbeherrschung – *vice versa* inhärierte ihrem Begriff, so Adorno an anderer Stelle, seinerseits unabdingbar ‚das Moment der Naturbeherrschung' (3, 15/20.1, 317/N 4.15, 226). Und in der Tat: Die Technik einschließlich ihrer gesellschaftlich/kulturellen Aufgabenstellung ist kaum vorzustellen ohne ihr Substrat und Objekt: die zu bändigende Sphäre der Natur – heute, so scheint es jedenfalls, (gen–)technisch ‚an der Wurzel gepackt'.

Eben mit Referenz auf Bacons einschlägiges Programm eines verkürzten Rationalismus – *knowledge is power* – sowie im Anschluß auch an Max Webers Rationalisierungstheorem entwerfen Adorno und Horkheimer daher jene oben ausgebreitete Geschichtsphilosophie domestizierender Rationalität[119]. Insbesondere bei Bacon nämlich, dem Apologeten der ‚patriarchalen Ehe' von Rationalität und Natur, lägen die Motive bürgerlich/neuzeitlicher Rationalität a priori programmatisch versammelt (bevor deren Ursprung in einem zweiten Schritt in die frühe Antike Homers vorverlegt wird, s.o.). – Ralf Konersmann verweist demgegenüber auf die Kommensurabilität des *cartesianischen* Projekts, „Methode alsbald zu vollenden"; und zugegeben: Es erscheint zumindest ungewöhnlich, daß ausgerechnet Bacon und nicht dessen Zeitgenosse René Descartes zum Statthalter des neuzeitlichen Rationalismus stilisiert wird (vermutlich aber sieht Adorno die praktisch/technischen *Konsequenzen* des okzidentalen Rationalismus bei Bacon stärker pointiert).[120]

---

[117] [Hervorhebung von mir.]

[118] [Hervorhebung von mir.] – Vgl. Bacon, Francis: In the praise of knowledge. Miscelaneous tracts upon human philosophy. The works of Francis Bacon. Bd. I. Hg. v. Montagu, Basil. London 1825. S. 254ff. bzw: Ders.: Novum Organum. Bd. XIV. O.A. S. 31. – Bacons *Novum Organum* ist Teil seines einst geplanten Hauptwerks mit dem programmatischen Titel *Magna instauratio imperii humani in naturam* (Metzler Philosophen Lexikon. Von den Vorsokratikern bis zu den Neuen Philosophen. Hg. v. Lutz, Bernd. Stuttgart [u.a.] ²1995. S. 62.) Peter Fischer betrachtet demgegenüber Bacons *Neu–Atlantis* als stärkstes Zeugnis von ihm antizipierter Modernität (ders.: „Zur Genealogie der Technikphilosophie." A.a.O. S. 285.). – Wenngleich sich Adorno nicht in „romantisierende Betrachtungen über die Natur" verstricken möchte, dürfte sich sein Verständnis der kritisierten Naturbeherrschung zudem von Ludwig Klages, dem „philosophischen Kritiker der modernen Naturbeherrschung", beeinflußt zeigen (N 4.16, 89/Wiggershaus, Rolf: Die Frankfurter Schule. Geschichte, Theoretische Entwicklung, Politische Bedeutung. München [u.a.] ²1987. S. 366.).

[119] Vgl. auch: Honneth, Axel: Kritik der Macht. Reflexionsstufen einer kritischen Gesellschaftstheorie. Frankfurt a. M. 1986. S. 43ff.

[120] Bacon, Francis: In the praise of knowledge. A.a.O. S. 254. bzw.: Konersmann, Ralf: Kulturphilosophie zur Einführung. A.a.O. S. 139. – Hinsichtlich des ‚visionären Charakters' der relevanten

Telos solcherlei Welterschließung jedenfalls wäre ganz offensichtlich weniger die Genugtuung, die ,Wahrheit' gewähre – an einem solchen, zweckgebundenen Rationalitätskonzept hält Adorno *normativ* ja aus voller Überzeugung fest –, sondern vielmehr disziplinierte Methode, zum Selbstzweck erkorene Rationalität des Mittels – instrumentelle Vernunft –, welche Bacon mit der Absicht, Natur praktisch Einhalt zu gebieten, glorifiziere.

So divergierende technische Elaborate wie die *Druckerpresse*, die *Kanone* und der *Kompass* wären dabei in Bacons Augen als Blüte jener „rühmlichen Verbindung" von ratio und Natur in besonderem Maße hervorzuheben. – Wieso nicht zumindest Druckerpresse und Kompass genuines Mittel zum Zweck der Wahrheitsfindung sein können, wie Horkheimer und Adorno suggerieren, bleibt dabei unverständlich (als zeitgenössische Äquivalente jener Erfindungen erachten sie: *Radio*, *Sturzkampfflugzeug* und *Fernsteuerung*).

Wie sehr auch Bacon demzufolge als Galleonsfigur der modernen Fortschrittsideologie zu gelten habe; vor dem spätmodernen „Triumph des Tatsachensinns" allerdings gerate selbst er unter den Verdacht der ,Metaphysik' (s.o.): Zwar solle der menschliche Verstand ausnahmslos über die nunmehr entzauberte Natur gebieten; *realiter* aber – d.h. technisch – werde dieser seinerzeit noch keineswegs auf Augenhöhe begegnet, was Bacon eingesteht.[121] Die ihm noch chimärenhafte vollständige Bewältigung der Objektsphäre, wie sie sich in der fortgeschrittenen Moderne Adornos dann in „tellurischem Maßstab" erfüllt hätte, solle daher am und vom (zukünftigen) Objekt der Herrschaft erlernt werden.

Auf dieser Folie entwirft Bacon das berühmte Analogon der Biene, welche den in den Blüten sedimentierten Stoff sammele und aus eigener Kraft transformiere – wie nun *auch der Mensch* das ihm im Rahmen der Naturgesetze Mögliche auszuführen lernen solle.[122] – Was Bacon noch nicht erahne – Adorno bekennt sich abermals zu einem ,deskriptiven Nietzscheanismus' –: Die rückhaltlose Domestikation qua *I*mitation des Naturzwangs reproduziere letztlich aufs neue dessen Wesen: „Herrschaft selbst" (3, 19f./60).[123]

2.2.1. Begriff der „Natur"

Die Beschäftigung mit Adornos Begriff der Naturbeherrschung wirft die Frage auf nach seinem Verständnis wiederum erst von ,Natur': Diese ließe sich dahingehend analytisch spalten in die dem Alltagssprachgebrauch entlehnte Konnotation ,*erster* Natur': die materielle bzw. vitale Natur einschließlich ihrer Triebstruktur, sowie in jene dieser entwachsene ,*zweite* Natur': die *Kul*tur – welche der ersten dann wiederum deontologisch entgegentritt, gegebenenfalls technisch. – In der *zivilisatorischen Technik*, der sprichwörtlichen ,Speerspitze' der *cultura*, manifestierte sich zugleich das *vermittelnde* Moment jener Dialektik von erster und zweiter Natur, von Natur und Natur*beherrschung*. Beide Teilaspekte jener bisweilen eschatologischen Teleo-

---

Überlegungen wiederum gerade Bacons vgl. abermals: Fischer, Peter: „Zur Genealogie der Technikphilosophie." A.a.O. S. 283.

121 Bacon, Francis: In the praise of knowledge. A.a.O. S. 254.

122 Metzler Philosophen Lexikon. A.a.O. S. 62.

123 Vgl. ebenfalls Lewis, Clive Staples: Die Abschaffung des Menschen. Einsiedeln ^{2}1983. S. 57ff.

logie aber wären nicht als statische oder verdinglichte zu denken – die „Vulgärantithese" von Technik und Natur, so Adorno treffend, sie irre (7, 106).

Gunzelin Schmid Noerr verweist diesbezüglich auf die prinzipielle Ambiguität der kulturellen Selbstvergewisserung der (menschlichen) zweiten Natur: In einer ersten Linie – von Kant über Fichte und Hegel bis hin zu Gehlen – wäre sie primär affirmativ besetzt, und zwar als allgemein anerkannte „soziale Aufgabe der Umwandlung der inneren und äußeren ersten Natur"; in einer zweiten, kritischen Tradition hingegen würden die „Verfälschungen und Deformationen der lebendigen ersten Natur und die Verdinglichung der sozialen Verhältnisse kritisiert, wobei die erste Natur als *immer schon beherrschte* begegne" – dieser Strang verliefe „von den Milieutheoretikern der französischen Aufklärung über Marx und Nietzsche bis zu Lukács und zur Kritischen Theorie":[124]

> Ich möchte nun zunächst einfach die Erwägungen fortsetzen, [...] die ich angeschlossen habe an den Begriff Hegels von der zweiten Natur als dem Geistigen, das die Substanz und die Bestimmung der Freiheit ausmachen soll und das sich, Hegel zufolge, im Rechtssystem verwirklicht, dem dieser dann den Titel eben der zweiten Natur verleiht.[172] [...] Dieser Begriff [...] stellt also nicht etwa eine Wiederkehr der Natur als des Unterdrückten dar, das sein Recht fände, sondern ist im Gegensatz dazu die Totalität dessen, was von dem gesellschaftlichen und dem rationalen Mechanismus – beides ist ja nicht zu trennen – so vollständig eingefangen wurde, daß ein davon Verschiedenes überhaupt nicht mehr erscheint und das eben dadurch, daß nichts außerhalb von ihm mehr ist, den Schein des Natürlichen, das heißt: des schlechthin Seienden und absolut Gegebenen annimmt; weil nämlich nicht mal mehr die Möglichkeit von etwas sichtbar wird, die außerhalb seiner wäre, die in diesem Zusammenhang selber nicht sich eingefangen fände. Und dieses Abschneiden der Möglichkeit macht dann diese zweite Natur als das allein Wirkliche zugleich auch gewissermaßen zum Substitut des Möglichen, und damit eben entsteht der Schein des Natürlichen. (N 4.13, 173f.)

– Die Janusköpfigkeit kultureller Selbstvergewisserung veranschaulicht *pars pro toto* jenes ‚Streitgespräch' zwischen Adorno und Gehlen: in welchem ersterer darauf insistiert, es wäre „historische[ ] Objektivität", daß sich die kulturellen Institutionen ihren Urhebern gegenüber pejorativ „verselbständig[t]en" (N 4.13, 226). Freilich könnte dem entgegnet werden – eben mit Gehlen – Bedingung der Möglichkeit jener Verselbständigung wäre überhaupt erst die (begrüßenswerte) Stabilisierung ebenjener Institutionen (was auf die argumentative Pattsituation hindeutet). In der Tradition Rousseaus begegnet Adorno diesem Einwand wiederum bekanntlich damit – hier wird die philosophische Anthropologie zur ‚Glaubensfrage' –, die Institutionen brächten ihre Daseinsberechtigung: die individuellen ‚Mängelwesen' (Johann Gottfried Herder), überhaupt erst hervor.

[124] Ders.: „‚Zivilisation ist der Sieg der Gesellschaft über Natur, der alles in bloße Natur verwandelt'. Zur Ideengeschichte und Aktualität der *Dialektik der Aufklärung*." In: Jenseits instrumenteller Vernunft. Kritische Studien zur Dialektik der Aufklärung. Hg. v. Gangl, Manfred und Gérard Raulet. Frankfurt a. M. [u.a.] 1998. S. 32. [Hervorhebung von mir.]

2.3. *Mimesis*

Die terminologische ‚Gelenkstelle' dann der *Mimesis* (späterhin der *Mimikry*) intendiert (im eigentlichen, pejorativen Gebrauch Adornos) den Nachweis des archaisch/biologischen Wesenszuges auch der *technisch–avancierten* Naturbeherrschung. Dem von Robert Caillois[125], von Henri Hubert bzw. Marcel Mauß[126], insbesondere aber wohl vom Freudschen Todestrieb[127] (s.o.) bezogenen Zentralbegriff inhäriert dabei wider Erwarten ein nicht auf die ästhetische Sphäre beschränkter Geltungsbereich; er steht zunächst ganz allgemein für das „sich selbst einem Anderen Gleichmachen" (7, 487).

In diesem Sinne be–griffe die Technik – als ihrerseits *in der Nähe des jeweiligen Benutzers befindliches* ‚totes Ding' – ein potentiell ebenso lebloses Objekt, ähnele sich diesem physisch also wiederum an – eben nach dem Modell der vorgetäuschten Totenstarre: der „Angleichung ans Tote" *zum Behufe des Überlebens.*

Eine derartig–konnotierte Assimilierung, eine solche *Mimesis* ans Tote werde *vice versa* vorexerziert in der wissenschaftlich/rationalen *Distanzierung* vom (lebendigen) Objekt der Erkenntnis.[128] – Darin, im Prozeß technischer *Angleichung* (ans Leblose) wie auch im dialektischen Pendant rationaler *Distanzierung* (vom Lebendigen), besteht für Adorno die mimetische Relevanz im Kontext jener *Revolte der Natur*: Diese vollzieht sich als solch ‚falsche' *Mimesis* (und umgekehrt) (3, 204).[129]

Als dezidiert *pathologische Mimesis* jedoch könne erst die übersteigerte *Idiosynkrasie*, der Wahn, bezeichnet werden.[130] Unter gesellschaftstheoretischem Blickwinkel manifestiere sich jene Ausprägung dynamischer Affinität in den Emanationen *objektiven* Wahns, bürokratisch/technisch–realisierten Kriegshandlungen und Genoziden.

2.4. Barbarei

Für den Zusammenhang einer wiederum technisch vonstatten gehenden *Revolte der Natur* steht *pars pro toto* ein die moralische Kategorie der „*Barbarei*", gewissermaßen die pejorative *Mimesis* zweiter Potenz (3, 11[131]). Adorno und Horkheimer terminieren diese nicht eigentlich als Rückfall, sondern vielmehr als *Übersteigerung* der bürgerlichen ratio, als genuin *neue* Form der Barbarei – womit eine gewisse Technik–Affinität a priori gegeben ist.

Subtilerweise tritt der Begriff in quantitativer Hinsicht vornehmlich polemisch in Erscheinung, und zwar im Verbund mit besagter Kulturindustrie (s.u.); qualitativ freilich steht außer Frage, daß die mit *Auschwitz* verschränkte „Höllenmaschine" in den Fokus gerückt wird. Insofern die „praktische Tendenz zur Selbstvernichtung"

---

125 Caillois, Robert: Le Mythe et l'Homme. Paris 1938.

126 Hubert, Henri et Marcel Mauß: Théorie général de la Magie. In: L'Anné Sociologique. O.O. 1902f.

127 Freud, Sigmund: Jenseits des Lustprinzips. Frankfurt a. M. 1998.

128 Früchtl, Josef: *Mimesis*. A.a.O. S. 38ff.

129 Ebd., S. 39. – Freilich sind pejorativ wie affirmativ konnotierte *Mimesis* nochmals ambivalent verschachtelt (ebd., S. 260.).

130 Ebd., S. 261.

131 [Hervorhebung von mir.]

dem Prozeß der Zivilisation jedoch von jeher innewohne, betrachtet Adorno jene Tötungsmaschinerie zwar als bisher einzigartiges, – theoretisch – jedoch nicht als exklusiv deutsch–nationales Phänomen (3, 17/4, 268).[132]

Der überaus ‚moderne' (deutsche) Faschismus jedoch wäre nicht zur Gänze qua „Propagandamaschine" installiert worden, hätte er doch die von den allgemeinen „technologische[n] [...] Entwicklungstendenzen" präformierte Perzeption lediglich ‚an die Hand nehmen' müssen (9.2, 264). – In der DdA hingegen rekurrieren deren Verfasser auch auf *Homers* Verständnis der Barbarei, demzufolge „das eigentlich barbarische Weltalter" ein *pre*–technologisches gewesen sei: „Die Bestimmung der Barbarei fällt für Homer zusammen mit der, daß kein systematischer Ackerbau betrieben werde und darum noch keine systematische, über die Zeit disponierende Organisation von Arbeit und Gesellschaft erreicht sei." (3, 83) – Technik und Barbarei, im Fokus der Kritischen Theorie fallen sie nicht unmittelbar in eins (s.o.).

2.4.1. Zerstörungsmittel

Nur der Krieg macht es möglich, die sämtlichen technischen Mittel der Gegenwart unter Wahrung der Eigentumsverhältnisse zu mobilisieren.[133] *(Walter Benjamin)*

Die ‚barbarische' Revolte verstümmelter Natur, sie manifestiere sich also zuvorderst mittels der ‚sich empörenden Maschinen' der Waffentechnologie (Oswald Spengler). Die gesellschaftlichen Antagonismen, sie hätten sich intensiviert bis hin zur „Drohung der losgelassenen Technik" – nicht von ungefähr wird hier die Technik mit der Aura des Raubtieres ausgestattet; die für den Dialektiker relevante ‚beflügelnde Kraft des Streits' (nach Georg Simmel) enthebe sich daher *de facto* ebendieser Qualität (8, 152). Die „entscheidendsten technischen Entwicklungen unserer Zeit" – Adorno fokussiert hier wohl insbesondere genannte ‚Megabombe' – würden lediglich generiert noch vom „paradoxen gesellschaftlichen Bedürfnis nach Zerstörungsmitteln" (20.1, 312). Mit Blick auch auf die schwelende Konfliktlage des Kalten Krieges werde der expropriierte Teil der Bevölkerung „durchgefüttert", und zwar nicht ausschließlich als ‚*industrielle* Reservearmee' (Marx) (8, 363).

Solange das der Technik innewohnende sozial–utopische Potential strukturell ungenutzt bliebe, rächte sich dies bitter. Etwa das von Walter Benjamin aufgegriffene futuristische *Manifest zum äthiopischen Kolonialkrieg*, sozusagen die verklärende ‚Programmschrift' der *pathologischen Revolte der Natur*, spricht dahingehend Bände: Dort heißt es, der Krieg als solcher wäre „schön, weil er dank der Gasmasken, der schreckenerregenden Megaphone, der Flammenwerfer und der kleinen Tanks die Herrschaft des Menschen über die unterjochte Maschine begründet"[134] – dabei verhält es sich in der Tat genau umgekehrt:

> *Der imperialistische Krieg ist ein Aufstand der Technik, die am ‚Menschenmaterial' die Ansprüche eintreibt, denen die Gesellschaft ihr natürliches Material entzogen hat.* Anstatt Flüsse zu kanalisieren, lenkt sie den Menschen-

[132] Vgl. Christopher Robert Browning's anschauliche Reformulierung dieser These: Ganz normale Männer. Das Reserve–Polizeibataillon 101 und die „Endlösung" in Polen. Hamburg 1998.

[133] Benjamin, Walter: Das Kunstwerk im Zeitalter seiner technischen Reproduzierbarkeit. Drei Studien zur Kunstsoziologie. Frankfurt a. M. 1963. Nachwort. [Hervorhebung von mir.]

[134] [Zitiert nach: ebd.]

strom in das Bett ihrer Schützengräben, anstatt Saaten aus ihren Aeroplanen zu streuen, streut sie Brandbomben über die Städte hin, und im Gaskrieg hat sie ein Mittel gefunden, die Aura auf neue Art abzuschaffen.[135]

– Dies wäre zu benennen eben als die fatale Konsequenz der gegenwärtigen makrologischen Fehlsteuerung der Technik.

2.4.2. Die Spengler–Rezension: *Der Mensch und die Technik.*[136]

Der gestürzte Sieger wird von dem rasenden Gespann zu Tode geschleift. (Oswald Spengler)

Eine ihrerseits barbarisch anmutende Apologie technisch–sublimierter Barbarei vernimmt der junge, noch stärker marxistisch argumentierende Adorno in Oswald Spenglers *Der Mensch und die Technik* (1931), einem zeit–typischen Elaborat des Populär–, um nicht zu sagen: Vulgär–Nietzscheanismus.

Fundament der Spenglerschen Technikphilosophie wäre der „‚physiognomische Takt'“: Dieser repräsentiere nicht etwa das Axiom eines kruden Biologismus, sondern firmiere als Synonym des Schicksals, und am „taktvollsten“ sei es, so Spengler, sich diesem zu beugen. Für den Menschen bedeute dies, daß er sich seine Zugehörigkeit zur Gattung der Raubtiere, der, nach Spengler, „‚höchste[n] Form des freibeweglichen Lebens'“, einzugestehen hätte – sofern auch ihm die spezifische „Freiheit des Tötens“ zueigne.

Performativ dann bediene sich Spengler einer „Ontologie der Sinnesorgane“: „[D]ie Nase sei bloß das Organ der Verteidigung, dem Raubtier und Menschen aber sei das Auge als Organ des Angriffs gegeben [...].“ – Der Ursprung schließlich der *Technik*, der „Lebenstaktik des erfinderischen, gattungsunabhängigen Raubtieres“, wird, ähnlich wie schon bei Aristoteles, in der *Hand* ausfindig gemacht: In der „naturerzeugten Taktik von Hand, Auge, Werkzeug“ manifestiere sich die „Antithesis zur Natur“, welcher „‚das Vorrecht des Schöpfertums'“ nunmehr streitig gemacht würde.

Von da an jedoch beginnt für Spengler (in gewisser Übereinstimmung mit Georg Simmel – und Adorno, s.u.) die „‚Tragödie des Menschen'“; die Natur nämlich wäre „‚stärker'“: „‚Wie einst der Mikrokosmos Mensch gegen die Natur, so empört sich jetzt der Mikrokosmos Maschine gegen den nordischen Menschen. Der Herr der Welt wird zum Sklaven der Maschine'“. – Letzte Konsequenz dieser ‚Dialektik der Aufklärung' wäre der baldige „‚Sturz des faustischen Menschen'“ – was dem „Untergang der abendländischen Technik“, der Technik wie wir sie kennen, entspräche. – Den „kommenden, nichtfaustischen Seelen“ dann gelte Technik nicht länger als „‚inneres Bedürfnis'“, so Spenglers dunkle Zukunftsvision.

Adornos *explizite* Kritik – sie gehorcht bereits dem bekannten Muster – folgt auf dem Fuß: Die richtig konstatierte (soziale) Pathologie der Technik, sie würde von Spengler – ähnlich wie im Falle Huxleys (s.o.) – kulturphilosophisch „verabso-

---

135 Benjamin, Walter: Das Kunstwerk im Zeitalter seiner technischen Reproduzierbarkeit. A.a.O. Nachwort. [Hervorhebung von mir.]

136 Spengler, Oswald: Der Mensch und die Technik. Beitrag zu einer Philosophie des Lebens. München 1931. – Adorno rezensiert Spenglers Text 1932 (20.1, 197ff.).

lutiert" – ohne danach zu fragen, ob und inwiefern sich ihre Verselbständigung im Zusammenhang einer möglichen „Veränderung der gesellschaftlichen Struktur" reversibel zeige (20.1, 197f.). – Vor allem *methodisch* also scheint der Ansatz, die Technik primär hinsichtlich ihrer gegenwärtigen gesellschaftlichen Kontextualisierung zu thematisieren, der ‚anthropologischen Ansicht der Technik' (Gehlen) unversöhnlich gegenüberzutreten.

Kann bei Adorno von analytischem Tiefgang im Sinne der Suche nach den (prähistorischen) Bedingungen auch der gegenwärtigen *Anwendung* der Technik nur bis zu einem gewissen Grad die Rede sein (s.o.), so ist dieses Anliegen genau dasjenige einschlägiger Theoretiker eben wie Spengler.[137] Adorno, welcher sich von der bisweilen dünkelhaften Kulturphilosophie des frühen 20. Jahrhunderts bewußt abzugrenzen trachtet – etwa wenn er das kritische Diktum einer „Verflachung durch Tiefe" prägt bzw. wenn er deren ‚marktkonformen Tiefsinn' geißelt –, intendiert damit indirekt, zu entkräften wiederum Martin Heideggers Polemik gegenüber dem etwaigen soziologischen „Fassadenkletterer" (1, 340/8, 484).

Dennoch fällt auf, daß einige der Wendungen Spenglers, einmal abgesehen von ihrem, zumal aus gegenwärtiger Perspektive, martialisch anmutenden Jargon, so oder ähnlich später beim ‚reifen' Adorno aufzufinden sind.[138] (Nicht umsonst kritisiert Adorno Nietzsches Intransigenz, nicht aber dessen radikale Demaskierung des *Status quo*, s.o.) – Nichtsdestotrotz: Die von Spengler kulturphilosophisch zementierte Pathologie der Technik ist mit Adornos diesbezüglichem Soziologismus kaum zu vereinbaren.

2.5. Psychologische Implikationen

Bedingung freilich der großangelegten Vernichtung des ‚Anderen' ist nicht lediglich die Technik als solche, sondern die soziologisch–grundierte Bereitschaft der die Technik erst gebrauchenden individuellen Aktoren. In Anbetracht der Wichtigkeit, die das Denken Freuds (in Korrespondenz mit dem Zeitgeist) für ihn besitzt (s.o.), verwundert es also nicht, daß sich Adorno auch mit den *psychologischen Implikationen*[139] jener fehlgeleiteten Technisierung der Lebenswelt befaßt.

Das „Pathogene[ ]" der gegenwärtig zu beobachtenden Relation zur Technik wäre performativ bedingt durch jenen allseitigen technologischen ‚Schleier der Maja' (Schopenhauer), welcher „technologische, auf Technik eingestimmte Menschen" – Menschen also, die zum technokratisch/verdinglichten Bewußtsein neigten – strukturell erst produzierte (10.2, 686). Aufgrund der prekären Möglichkeit individueller Reproduktion dann glichen die a priori ‚gleichgeschalteten' Massen sich dem „Unentrinnbaren" der technisierten Welt ein zweites Mal mimetisch an: Nicht ledig-

[137] Daß sich politisch als links–liberal einzustufende Autoren wie Helmuth Plessner gegen Anfang des 20. Jahrhunderts ebenfalls kulturphilosophisch mit dem *Sujet* der Technik befassen, ist rezeptionshistorisch erst relativ spät einem breiteren Publikum bekannt geworden (vgl. ders.: Die Stufen des Organischen und der Mensch. Einleitung in die philosophische Anthropologie. Berlin [u.a.] 1975. Vorwort.).

[138] Dialektik der Aufklärung, Naturbeherrschung, pathologische Revolte der Natur etc.

[139] Das psychologische Moment der *pathologischen Revolte* hätte Erwähnung finden können bereits im Kontext der *biopolitischen Implikationen*; mit Blick auf die sich anschließende Thematisierung des *Fetischcharakters der Technik* allerdings nutzen wir seine propädeutischen Eigenschaften.

lich die *Reflexion* (als Erinnerung) degenerierte zur „irrationale Hypothek"; auch die moralische Instanz der *Seele*, die „Möglichkeit zu dem sich selber offenen Gefühl der Schuld", wäre im Verschwinden begriffen (3, 224/8, 230/14, 404).

Einstmals noch für rational befundene Reflexionsstrukturen würden von der List der Geschichte eskamotiert – atavistische hingegen reanimiert: Etwa die *Pedanterie* repräsentiere *pars pro toto* den Wahn, in welchen das Paradigma psychologischer Regression münde. Die blinde Affirmation der Technik bedinge rückwirkend also abermals die Determination geistiger Prozesse, zum Beispiel in der Verkrüppelung der *Phantasie*. – Ob die technisch durchgeführte Gesellschaftsutopie dann nicht ebenfalls zur Verkümmerung der Phantasie beitrüge (s.u.), dazu äußert sich Adorno nicht hinreichend. Abgesehen von der Verdinglichungsproblematik hätte die Überwindung des Schismas von Subjekt und Objekt, logisch betrachtet, gravierende Konsequenzen für die Reflexion an solche: Nicht lediglich die „Anpassung des Denkens an die Maschinen" mündet im „Schwachsinn" (8, 572).

Mit Georges Friedmann dann ließen sich die „jüngsten sozialpsychologischen Entwicklungen" konzedieren: Die zu verzeichnende, objektophile Liebe zu leblosen (technischen) Gegenständen wäre dialektisch verschränkt wiederum mit der emotionalen Erkaltung der *lonely crowd* (David Riesman) (20.1, 312). Die „Allgegenwart der Technologie", ihre skizzierte expansive Omnipräsenz, überzeichne die Male „vergangenen Leidens" (wobei Adorno ausblendet, daß etwa die verbliebene Photographie eines vormals vertrauten Menschen Leid *durchaus* evozieren kann) (3, 316).

Die Bewohner besagter ‚Herrschaftsmaschinerie' jedenfalls repräsentierten, als ‚Zurückgebliebene', „nicht bloß die Unwahrheit" (3, 53). Seinem Schüler Peter von Haselberg pflichtet er dahingehend bei, wenn dieser vorbringt, daß im herrschenden Begriff des „‚Funktionierens'", wie er vom Bereich der Technik zusehends auf den Rollenträger Mensch extrapoliert würde, verdrängte Aggressionen überwinterten – die ihr Ventil suchten (s.o.) (jene Wut wäre, im Gegensatz zur Annahme Veblens, phylogenetisch keineswegs kausal/reflexiv überwunden worden) (20.2, 658).

Ähnlich wie die mit metaphysischen Weihen versehene Maschine als gewordener, zweckgerichteter Dualismus aus Logik und Mechanik zu entzaubern wäre (s.u.), setze sich auch die menschliche ratio zusammen sowohl aus logischen als auch aus *psycho*logischen bzw. emotionalen Komponenten. Das gegenwärtig jedoch Entzweite – Mechanik bzw. Psyche und Logik – ließe sich aber nicht willkürlich wiedervereinen; zur Zeit firmiere lediglich das abstrakte *Bewußtsein*[140] dessen als „Einheit des voneinander Gerissenen" (5, 70).

2.5.1. Die „Technik der Psychoanalyse"

Der kritische Fokus Adornos dann gilt wider Erwarten der zum (willigen) Instrument der ökonomischen Heteronomie verkommenen „Technik der Psychonanalyse", heute zu betrachten vielmehr als positivistische ‚Naturwissenschaft der Seele'[141]: Ursprünglich konzipiert, der „bürgerlichen Zurichtung" der Sexualität vorzubeugen (s.o.), richte sie nunmehr, als pseudo–empathische Spielart der genuinen instrumen-

[140] Vgl. abermals unteres Kapitel zum *Eingedenken der Natur (im Subjekt)* (S. 118ff.).

[141] Im US–amerikanischen Exil spielt er immerhin noch mit dem Gedanken, sich zum Psychotherapeuten umschulen zu lassen.

tellen Vernunft, die dem herrschenden Maß an Zweckrationalität unzuträglichen Individuen darauf ab, „nützliche Mitglieder" des stationären „destruktiven Ganzen" zu werden (1, 256/8, 85/N 4.16, 76).

„[O]perationell ideale Techniken", d.h. empirische Verfahrensweisen wie das sozial–psychologische Experiment, d.h. Methoden wie auch die Skalierung, abstrahierten jedoch zumeist von den eigentlich relevanten, *gesellschaftlichen* Zusammenhängen (8, 314). Dabei wäre es an einer ‚kritischen Psychologie', der Integration verbliebener „Momente des Naturhaften" in die „spezialistischen technischen Fähigkeiten" mikrologisch nachzuspüren (4, 262f.). – Dem reformpädagogischen bzw. kunsttherapeutischen Ansatz steht Adorno aber ebenfalls kritisch gegenüber.[142]

Mit Blick auf den Gegenstand vorliegender Arbeit hält er der *frühen* Psychoanalyse immerhin zugute die Erkenntnis des symbolisch über sich hinausweisenden Gehalts „praktische[r] Form[en]". Sie habe diesen Tatbestand aufgezeigt etwa auf der Matrix der ‚archaischen Bildern des Unterbewußten': Jener symbolische Gehalt hefte sich, Freud zufolge, an (scheinbar lediglich pragmatische) „technische Formen" wie das phallisch–konnotierte Luftschiff oder das Statusobjekt–Automobil (10.1, 381). – Im Gegensatz zu (den) anderen Klassikern der Technikphilosophie interessiert der etwaige Symbolgehalt der Technik Adorno jedoch lediglich peripher.

2.5.2. „Verdinglichung", oder: Fetischcharakter der Technik

Repräsentiert die Kritik der *Verdinglichung*, besser: die Kritik des ‚verdinglichten Bewußtseins', ein klassisches Motiv der frühen Kritischen Theorie, so markiert es einen gewichtigen Teilaspekt wiederum der *psychologischen Implikationen* (der wesensfremd agierenden *zivilisatorischen Technik*[143]). – Verdinglichtes Bewußtsein, so Adorno, ließe sich rückübersetzen als vorbewußte Handhabung ‚eingeschliffener Apparaturen', die sich „vor die Gegenstände" drängten und diese, unter Absehung von ‚Genesis und Geltung', auf ihre unmittelbare (sinnliche) Präsenz reduzierten (10.2, 497).

Nicht zuletzt wäre es jene opportune ‚Technik der Psychoanalyse' (s.o.), welche, qua ‚Technifizierung der Seele', methodisch zur Verdinglichung in zweiter Potenz neige. – Den (einstmals noch vertretenen) sozialwissenschaftlich/empirischen Ansatz lehnt Adorno daher ab, wenn es daran geht, die metaphysische Verkürzung der Verdinglichung zu kritisieren: Wie der genuine Techniker geneigt sei, Verdinglichungskritik als „vag und phrasenhaft" zu schelten, habe er seinerseits Bedenken, auf „Fragen der Verdinglichung des Bewußtseins" wiederum „dinghafte[ ] Methoden" anzusetzen (10.2, 720/20.1, 314).

Damit jedoch begibt sich Adorno in die prekäre Lage, zwar einerseits ‚objektiv', d.h. gesellschaftlich, historisch und ökonomisch abhebende Kritik anbringen,

---

142 Ist nur eine entfernte Nähe zur Jugendbewegung (bzw. zu Heidegger) erkennbar – ihm selbst ist diese bisweilen zu attestieren –, so fällt Adorno zumeist ein rigoroses Verdikt (siehe Hippie–Bewegung 1964ff.).

143 Freilich verdrängt Adorno die Tatsache, daß, gesetzt den Fall, eine (in seinem Sinne) nicht–‚wesensfremd' agierende Technik ließe sich flächendeckend installieren, einfach aufgrund ihrer dann in der Tat gegebenen Omnipräsenz, abermals einem technokratischen Klima der Verdinglichung der Boden bereitet würde (s.o.).

andererseits aber jene potentiell verdinglichenden Methoden aussparen zu wollen; allenfalls der Verweis auf den ohnehin interdisziplinären, programmatisch auf ‚zuliefernde' Wissenschaftszweige angewiesenen Charakter der Kritischen Theorie verschaffte hier Abhilfe. – Nichtsdestotrotz distanziert sich die Frankfurter Schule sowohl von der (aus ihrer Sicht) die Möglichkeit objektiver Wahrheit strukturell negierenden Verdinglichungskritik der *Wissenssoziologie*[144] als auch von Georg Lukács' einflußreicher Fundamentalkritik (s.u.) – beide verunmöglichten je ein theoretisches ‚Umkreisen' des Nichtidentischen, indem sie dieses nominalistisch rationalisierten, sprich: *selbst* verdinglichten.

Trotz der bisweilen heftigen Opposition (dem späten) Lukács gegenüber ist jener Zentralbegriff der ‚Verdinglichung' aber doch von diesem entlehnt.[145] Er entwickelt den Terminus seinerseits im Anschluß an Marxens Überlegungen zum *Fetischcharakter der Ware*[146] – Verdinglichung und Fetischisierung sind demgemäß nicht identitätslogisch zu separieren; letztere kann als ‚dunkle Seite', als esoterisches Abfallprodukt der pathologischen Übersteigerung ersterer aufgefaßt werden. – Eingedenk des utopischen Geltungsüberhanges der Technik wäre die geschilderte problematische Abstraktion von der Zweckmäßigkeit der Technik, deren Fetischisierung, zu deuten daher auch als Abstraktion eben vom Zweck der *makrologischen Substitution entfremdeter Arbeit* – diesen gewichtigen Aspekt jedoch bringt Adorno nur unzureichend zur Geltung.

Die Verdinglichung wird terminologisch oftmals synonym verwendet mit der ‚Versachlichung' nach Kant, ist aber – außer bisweilen bei Adorno – nicht mit der ‚Vergegenständlichung' im hegel–marxischen Sinne zu assoziieren. Im genuin–psychologischen Kontext erlangt dabei sicherlich auch der umgangssprachliche Aspekt seelischer ‚Verhärtung' Relevanz.

Die Tendenz hin zum verdinglichten Bewußtsein allerdings beschränke sich nicht auf die individuelle Psyche, sondern wäre mit demjenigen der „gesamten Zivilisation" verknüpft (10.2, 687). Zur generationen– und milieu–übergreifenden Ubiquität des Phänomens dann bemerkt Adorno verbal nicht ohne Ironie, es bestünde lediglich ein gradueller Unterschied zwischen den „fünf Jungens, die um irgendwelche Autos herumstehen und mit [...] Sachkunde sich über die Vorzüge der verschiedenen Automarken unterhalten, zu der Besessenheit mit Methodologie, der man heute begegnet". – Apparatur wie Methode, *zivilisatorische* wie *rationale* Technik – nach analogem Muster würden sie „unendlich stark libidinös besetzt". Er spricht von der sogenannten *toolmindedness* sowie, in anderem Kontext, von der ‚Autoreligion' (s.o.) (N 1.3, 657f./N 4.15, 131).

Zwar wäre es aufgrund des ephemeren Grenzbereichs zum eigentlich–pathologischen Verhältnis der Technik gegenüber nicht bekannt, in welcher Weise die Fetischisierung *innerpsychisch* konkret vonstatten ginge – hier könnte die Psychoanalyse ansetzen; der zu ihr neigende Typus aber wäre derjenige, welcher, auf-

---

144 Vgl. Berger, Peter Ludwig und Thomas Luckmann: Die gesellschaftliche Konstruktion der Wirklichkeit. Eine Theorie der Wissenssoziologie. Frankfurt a. M. [19]2003. bzw. zu deren Kritik: 6, 191ff.

145 Vgl. ders.: „Die Verdinglichung und das Bewußtsein des Proletariats." In: Ders.: Werke. Bd. II. Neuwied [u.a.] 1968. S. 257ff.

146 Vgl. MEW. Bd. 23. A.a.O. S. 85ff.

grund emotionaler Erkaltung, die „Möglichkeit von Liebe“ negieren müsse (s.o.); der verbliebene Rest an Liebesfähigkeit werde, wie geschildert, „an Mittel“ verwendet (10.2, 686).

Die Versachlichung oder ‚Anthropomorphisierung' schließlich des *Menschen*, sein Status etwa als ‚Humankapital' (Kurt Biedenkopf), hat dann erwartungsgemäß weitaus pejorativere Implikationen. Der „Hurra–Optimismus der Kleinauto–Generation“ liefe daher Gefahr, seine post–barbarische Humanität – soviel Achtung vor dem geistigen Klima der 1950er–Jahre bewahrt sich Adorno – aufs Spiel zu setzen: Die Fetischisierung nicht nur der Technik begründe jenen schlechten Schein, die kapitalistische Wirtschaftsweise, welche vorübergehend „zu Nutznießern“ mache, fuße auf etwas anderem als Ausbeutung (4, 302/19, 452).

Performativ gerate nun eine beliebige Maschine zum ‚Ding', indem der sie erst konstituierende Dualismus von Logik und Mechanik, von Mathematik und Realität, ein für alle Mal festgelegt, internalisiert und dann dem Vergessen überantwortet werde (s.o.). Damit die Maschine störungsfrei agieren könne, wäre eine wie auch immer geartete Synthesis–a priori der „arithmetischen Sätzen und der physikalischen Möglichkeit, ihnen gemäß zu operieren“ unerläßlich – dies zu vollbringen aber wäre „Aufgabe des Konstrukteurs“, nicht der Maschine selbst. Das komplexe Erzeugnis ebenjenes Konstrukteurs ‚gerinne' daraufhin, und dieser nehme sich zurück wie der „Gott der Deisten aus seiner Schöpfung“ („Alle Verdinglichung ist ein Vergessen.“) (3, 263/5, 69).

Den verdinglichten (unbelebten) Objekten, *ergo* auch der Technik, spricht Adorno – quasi–pantheistisch – demgegenüber überraschend ebenfalls ein gewisses Maß an *Leidensfähigkeit* zu.[147] Paradoxerweise könne diese auch den scheinbar unbeseelten Gegenständen zukommende Leidensfähigkeit erst mit Auslastung ihrer profanen Nützlichkeit, negativ formuliert: mit Abkehr von ihrer krypto–theologischen Überhöhung, erkannt und überwunden werden. – Dabei scheint jene von Adorno vorgeschlagene, affirmative ‚Beseelung' unbelebter Gegenstände durchaus in Verwandtschaftsbeziehung zu stehen mit deren wiederum pejorativ–konnotierter Fetischisierung.

2.5.2.1. Der Fetischcharakter als „Resonanzphänomen“

Eine philosophische *Verklärung* gewissermaßen des Fetischcharakters der Technik, eine Gegenthese zur skizzierten materialistischen Klage über Verdinglichung und Fetischisierung formuliert demgegenüber Arnold Gehlen: Seiner Ansicht der Technik[148] folgend nimmt das hier diminutivisch als ‚Technikbegeisterung' bezeichnete Phänomen seinen Ausgang vom in der (Maschinen–)Technik vorgängigen *Automatismus*: Die „Faszination durch den Automatismus“ aber speise sich weder ausschließlich rational, noch emotional – „so daß wir hier eine neue psychologische Kategorie einführen müssen: diese Faszination ist ein Resonanzphänomen.“[149]

---

[147] Vgl. S. 58.

[148] Gehlen, Arnold: „Die Technik in der Sichtweise der Anthropologie.“ In: Ders.: Die Seele im technischen Zeitalter und andere sozialpsychologische, soziologische und kulturanalytische Schriften. Frankfurt a. M. O. J. S. 155ff.

[149] Ebd., S. 156.

Ebendieses wäre zu deuten als „eine Art des inneren Sinnes für das Eigenkonstitutionelle im Menschen, der auf das, was dieser Eigenkonstitution in der Außenwelt analog ist", anspricht; es handle sich um ein „wort- und begriffsloses" „primäre[s] *Selbstverständnis*[ ] *von außen her*".[150] Scheinbar *allegorische* Referenzverhältnisse – auf dieser Folie wären sie grundlegend umzudeuten: Etwa der „‚Gang' der Maschine" repräsentiere keine willkürliche Analogie, sondern eine „von der Resonanz her einsichtige Selbstinterpretation[ ] spezifisch menschlicher Wesenszüge".[151]

Gehlens Deutungsmuster verrät somit die gängige Neigung, die vom Menschen in die Wege geleitete Technik – nach dem Modell etwa einer ‚spiegelverkehrten Organprojektion' – rückwirkend wiederum zum Anlaß der technokratischen Deutung menschlicher Wesenszüge zu nehmen. Gegenwärtig läßt sich diese Tendenz auffinden zum Beispiel im Bereich des Sports: Nicht selten ist dort die Rede von ‚Leistungen', die – mit impliziter Referenz auf das technische Paradigma unserer Zeit: den Computer – ‚abzurufen' wären. – Mit gewissem Recht würde Adorno diesem Ansatz daher wohl seinerseits ‚verdinglichtes Bewußtsein' attestieren: Besagtes ‚Resonanzphänomen' wäre – als seelische Konsequenz des bürgerlichen Funktionalismus – zwar deskriptiv zu konstatieren – keineswegs jedoch ontologisch zu fixieren, geschweige denn zu begrüßen.

---

[150] Gehlen, Arnold: „Die Technik in der Sichtweise der Anthropologie." In: Ders.: Die Seele im technischen Zeitalter und andere sozialpsychologische, soziologische und kulturanalytische Schriften. A.a.O. S. 156.

[151] Ebd.

I.b) Deskriptiv/affirmative Konstellation

Die zweite gewichtige Konstellation, in welche die *zivilisatorische Technik* sich bei Adorno begibt, ist die *deskriptiv/affirmative* [1.b)]: Er wäre nicht jener ‚Denker der Ambivalenz', verschwiege er die (für ihn freilich in der Minderzahl sich befindenden) wertend–positiven Aspekte der *zivilisatorischen Technik* im Rahmen selbst der bestehenden wirtschaftspolitischen Ordnung. Die ironisch–distanzierte Rede von der „böse[n] technische[n] Zivilisation schlechthin"[152], bei welcher sich der soziologisch–inspirierte Theoretiker kaum beruhigen könne, unterstreicht abermals sein Ansinnen, die gesellschaftliche *Anwendung* der Technik zu problematisieren – einschließlich der Kanalisierung ihrer *Entwicklung* –, anstatt sie *in toto* zu verdammen (8, 473).

So erübrige der Entwicklungsgang der technischen Zivilisation beispielsweise zunehmend körperliche Arbeit, und der durchschnittliche materielle Lebensstandard werde damit einhergehend angehoben. Zu den Verdiensten der „technische[n] Entwicklung" und Entfaltung gehöre weiterhin die kulturelle Dynamisierung überkommener Milieus, welche noch im 19. Jahrhundert für invariant befunden worden wären (etwa im Agrarsektor) (8, 221f.). Zudem seien die Menschen in der dem Monopolkapitalismus vorangegangenen Phase des ökonomischen Liberalismus „[w]ider den Willen ihrer Lenker" an der zu bedienenden Technologie ‚gereift'.

Wie die „logische Apparatur" ihre qualitative Potenzierung gegenüber den archaischen Formen der Rationalität aus der „Verselbständigung des Denkens gegen die Sache" bezogen habe, ermögliche auch die Entfremdung von der modernen Realtechnik, die Entfremdung von der *geronnenen* Apparatur der Logik, eine ‚ganz andere' Perspektive: „So setzt sich in der Herrschaft das Moment der Rationalität als ein von ihr auch verschiedenes durch", wie es mit Rekurs auf Hölderlin heißt (3, 54/178; 10.2, 599). – Ohnehin stand Adorno *Odysseus*, dem proto–typischen Träger instrumenteller Rationalität, ja nicht nur skeptisch gegenüber – etwa wenn dieser, die „archaische Übermacht des Liedes" anerkennend, sich, quasi–"technisch aufgeklärt", fesseln läßt (3, 78). Und obschon die „Entfaltung der materiellen Produktivkräfte [...] den geistigen nicht durchaus zum Segen an[schlägt]", läßt sich Adorno keineswegs dazu verleiten, skizzierte affektive Besetzung der Technik nicht ebenfalls als beiläufiges Symptom dessen zu deuten, daß die Menschen „dem, was ihnen angetan wird, auch ihr Leben [verdanken]" (8, 18/109f.).

Er verweist auf die begrüßenswerte Tendenz, daß in der „zunehmend[ ] rationalisierte[n], technische[n] Zivilisation" auch die sogenannten „Irrealitäten" (wie der Rassismus) mehr und mehr ihrer „reale[n] Basis" enthoben würden – das durchschnittliche Reflexionsniveau, es stiege an (20.1, 383). Hingegen das zu beobachtende Ausbleiben des Klassenbewußtseins wäre nur vordergründig bedingt von der abstrakt konstatierten ‚Integrationstendenz der Gesellschaft' (Herbert Spencer): An der technisch ausgeweiteten Güterproduktion partizipierten vielmehr auch jene, die vorgeblich ‚nichts zu verlieren' haben sollten (s.o.); das wachsende Heer der Expropriierten heute würde „durchgefüttert" (3, 56/N 4.15, 44f.).[153]

---

[152] Huxley's Dystopie ist hier in Erinnerung zu rufen.

[153] „[O]b und in welchem Umfang" sich die vormals national–begrenzte Klassenrelation nunmehr verlagert hat auf eine solche zwischen den technisch–avancierten und den ‚Schwellen–' bzw.

Und noch in den „kybernetischen Maschinen" fungiere die Technik als jener verlängerte Arm menschlicher Produktivität, weswegen auch diese eloquenten Maschinen keineswegs als „Drittes und dämonisch Selbständiges" zu stigmatisieren, sondern als konventioneller Bestandteil innerhalb jener „Dialektik von Produktivkräften und Produktionsverhältnissen" zu verorten wären: Der „menschenwürdige Sinn des Computers" sei es, die Reflexion derart von den Pflichten der zweckrationalen Sphäre zu entbinden, daß Freiraum zum Erwerb „nicht schon impliziten Wissen[s]" entstünde (8, 16/10.2, 600).

I.b)α *Über Technik und Humanismus*

Die *deskriptiv/affirmative Konstellation zivilisatorischer Technik* bei Adorno verdichtet sich dann *pars pro toto* in seinem Vortrag *Über Technik und Humanismus*[154] (1953). Neben dem Aufsatz zu *Musik und Technik* (1958) (s.u.) markiert dieser, einmal abgesehen von der oben behandelten Spengler–Rezension, Adornos einzige ‚Technik' ausdrücklich thematisierende Veröffentlichung.

Zunächst ist es Adorno daran gelegen, aufzuzeigen die Hinfälligkeit der scheinbaren Kluft zwischen Technik und *Kultur*[155] (als ‚Reservatssphäre' gewissermaßen des Humanismus): In „einer ihrer selbst mächtigen und wirklich rationalen Gesellschaft" – an dieser Stelle klingt an bereits die *normativ/utopische* Konnotation der Technik – wäre die kulturelle Sphäre letztlich in der Lage, „ihres gesellschaftlichen Wesens inne [zu] werden und die Gesellschaft der Verflochtenheit ihrer sogenannten Kultur mit den technischen Errungenschaften": Die gebräuchliche Scheidung der Technik von einer ihr potentiell „entrückten Geisteskultur" wäre Derivat des „Nichtwissen[s] der Gesellschaft von ihrem eigenen Wesen"; im Sinne der oben thematisierten *rationalen Technik* enthielte „[a]lles Geistige" „technische Elemente". – Die ‚Ontologisierung' entfremdeter Arbeit einschließlich ihres Widerparts, der ‚Freizeit' (s.u.) – die Verkennung also der ursprünglichen Verwandtschaft ökonomischer wie ästhetischer *Poiesis* –, (ver)führe zur fälschlichen Annahme, „die geistigen Produkte wären vom Himmel gefallen." Die verbreitete Neigung wiederum, den sorgfältig abgezirkelten Bereich des Kulturellen als „etwas Höheres oder Feineres als die [Maschinen–]Technik" zu betrachten, stelle sich dort erst ein, wo er, unter Verlust der gesellschaftlichen Tuchfühlung, „bereits verloren" sei (etwa, wenn ein vormals avantgardistisches oder sozialkritisches Kunstwerk zum harmlos–kanonischen ‚Kulturgut' herabsinkt). – In Anbetracht dieses Sachverhalts wäre die ‚starre Antithese' von Technik und Humanismus nicht von analytischem Bestand (20.1, 313/316[156]).

Ein probates Mittel hinsichtlich der Versöhnung des (wenngleich oberflächlichen) Schismas von Technik und Kultur jedoch gibt es Adorno zufolge nicht; jedenfalls wäre es nicht geboten, „von außen oder oben her mit Philosophien der Technik

‚Entwicklungs'ländern, thematisiert Adorno lediglich peripher (8, 16). – Dieser beiläufig formulierte Gedanke jedenfalls verschafft ihm im Hinblick auf die Globalisierungsthematik Aktualität.

[154] Vortrag zum *Dies academicus* der Technischen Hochschule Karlsruhe, gehalten am 10. November 1953.

[155] Gemeint ist hier der umgangssprachliche Begriff der ‚Kultur'.

[156] [Einschub von mir.]

auf[zu]warten", sondern (Selbst–)Reflexion anderweitig anzustoßen (20.1, 314). – Daß Adorno keine elaborierte Technikphilosophie vorgelegt hat und die nichtsdestoweniger *en gros vorhandenen* Äußerungen zur Technik nunmehr puzzle–artig zu rekonstruieren sind, mag dieser Feststellung geschuldet sein.

1. Bildungshumanismus

Ins Blickfeld Adornos rückt daraufhin, d.h. nach dem abstrakten Verweis auf die Verschränkung von Technik und Kultur, das mit dem Begriff des Humanismus verbundene „Bildungsideal". Dieses, so die Annahme, hätte, angesichts der Abkehr vom emphatischen Telos seiner Einlösung – es ist zu erinnern an Freuds ‚Unbehagen'–Aufsatz –, als gescheitert zu gelten: „[D]aß es [...] der Kultur nicht gelang, ihre eigene Menschheit zu kultivieren, ist nicht nur Schuld der [überforderten] Menschen, sondern auch der Kultur, die, losgetrennt vom Gedanken der verwirklichten Menschheit, ein Moment der Unwahrheit und des Scheins hat, dem nun heimgezahlt wird, indem die Menschen die Kultur von sich abwerfen."[157]

Angesichts der zu beobachtenden ‚Kulturfeindlichkeit' (s.o.) thematisiert Adorno die potentielle „Heraufkunft eines neuen Bildungsideals" – und kommt zu dem Schluß, es wäre nicht zu empfehlen, ein dem Zeitgeist korrespondierendes Leitbild „frisch–fröhlich" zu verkündigen: insbesondere wenn es sich dabei um die bloße positivistische Assimilation an den erreichten Stand der Technik handele (20.1, 316ff). – Dennoch bestünde Hoffnung auf eine legitime Erneuerung der Bildung: mittels kritischer Einsicht in die „gesellschaftlichen Zusammenhänge" (einschließlich des gegenwärtig noch verankerten Bildungskanons), sowie, darauf fußend, „im kritischen Bewußtsein der Technik von sich selber" (20.1, 317). – Einmal abgesehen vom obligatorischen Verweis auf die gesellschaftliche Rahmung der Technik impliziert dabei speziell letzterer Aspekt einerseits jene von Adorno immer wieder lediglich angedeutete (Rück–),Beseelung' der *zivilisatorischen Technik* (s.o.), sowie, andererseits, den Hinweis auf die a priori gegebene Verschränkung eben von *rationaler Technik* und (selbst–)reflexiver Kultur.

1.1. Humanismus als Ethik: Die „Verantwortung der Techniker"

Die invariante Antithese auch von Technik und *Ethik*, der zweiten gängigen Humanismus–Konnotation, entwüchse ebenfalls dem bisherigen falschen Bewußtsein der arbeitsteiligen Gesellschaft: „Wahrscheinlich hätte man entscheidende Entdeckungen der Medizin, wie die des Krebserregers und damit eine mögliche Kur gegen den Krebs, längst machen könne, wenn nicht aus gesellschaftlichen Gründen ein unbeschreiblich großer Teil des Sozialproduktes, sei es für Rüstungszwecke oder sei es für die Erforschung von leeren Sternen zu Reklamezwecken, ausgegeben würde, [...] und zwar in der gesamten Welt. [Beifall]" (N 4.15, 32).

Vor allem aber thematisiert Adorno das bürgerliche Postulat einer „Verantwortung der Techniker": Jedwedes emphatische *Ethos*, das den Erkenntnisgewinn zu

[157] [Einschub von mir.]

‚bremsen' trachte, relativiert er zunächst a priori qua Insistenz auf der (hier affirmativ–gewendeten) Charaktermasken–Theorie nach Marx:

> In unserer Arbeit sind wir, jeder von uns, in weitem Maße nicht wir selber, sondern Träger von Funktionen, die uns vorgezeichnet sind. Nur in Schundromanen werden große medizinische Erfindungen aus Liebe zu den Menschen gemacht, oder große kriegstechnische aus Patriotismus. Unsere persönlichen Motive, und damit jenes Bereich, das man Ethik zu nennen pflegt, gehen in das, was wir als Berufstätige leisten, nur wenig und vor allem: nur vermittelt ein.

Ein von diesem ja durchaus relevanten Faktum abstrahierender Rigorismus könne im technik–theoretischen Kontext tituliert werden gar als „rückständig", als „Maschinenstürmerei auf höherer Stufe".

Adornos zumeist vorwaltender ethischer Relativismus schließt es dann paradoxerweise jedoch nicht aus, daß – sind die entsprechenden Konstruktionen erst einmal realisiert – „gerade der Techniker warnt vor dem Unabsehbaren, das seine Erfindungen heute der Menschheit androhen"; „[s]eine Autorität, die Tatsache, daß er diese Potentialien viel besser einzuschätzen weiß als der Laie, werden seiner Warnung größeres Gewicht verleihen, als den von außen kommenden".

Der erfolgreich praktizierten Technik–Ethik allerdings widerstrebten weitere, vergleichsweise profane Faktoren: Die ‚Sterilität' der abgespaltenen, instrumentellen ratio veranlasse jene von Berufs wegen mit ihr Befaßten dazu, außerhalb des Zusammenhanges „technische[r] Arbeit", der rationalen Konstruktion maschineller bzw. statischer Gebilde, den vermeintlichen „Ballast von Vernunft und Kritik" abzustreifen. Umgekehrt begünstige diese Neigung die Auffassung, ‚Kultur' könne per se keine „Angelegenheit der Entspannung" darstellen – eine Auffassung, die in Adornos Augen immerhin davor bewahrt, sich mit den „Stapelwaren" der Kulturindustrie zu begnügen (s.u.) (20.1, 314f.).

Den für seine (Technik–)Philosophie charakteristischen Soziologismus aber erweitert Adorno dann doch nicht substantiell; die potentielle Relevanz jener individuellen ‚Warnung des Technikers' wird sogleich wieder abgemildert (um in der Tautologie zu verharren):

> Ich glaube aber nicht, daß diese Warnungen entscheiden. Ob die moderne Technik der Menschheit schließlich zum Heil oder Unheil gereicht, das liegt nicht an den Technikern, nicht einmal an der Technik selber, sondern an dem Gebrauch, den die Gesellschaft von ihr macht. Dieser Gebrauch ist keine Sache des guten oder bösen Willens, sondern hängt ab von der objektiven gesamt–gesellschaftlichen Struktur.

Ein solcher ‚Strukturwandel der Öffentlichkeit' erst ermögliche es der Technik – diese wird abermals personifiziert –, „nicht nur befreit [zu] werden, sondern auch zu sich selbst [zu] kommen" – im Sinne einer *Versöhnung eben der Technik (‚wie sie gemeint war') mit dem humanistischen Ideal* (20.1, 316).

I.c) Normativ/utopischer Geltungsüberhang

Obschon der pejorativen quantitativ unterlegen – *die* zentrale Konnotation der *zivilisatorischen Technik* bei Adorno markiert die Übersteigerung der deskriptiv/affirmativen: deren *normativ/utopischer Geltungsüberhang* [1.b)II]: „An sich", so die nicht unerhebliche Sprachregelung, „vermöchte sie", die Technik, „es anders"; nach wie vor wäre sie Bedingung der ‚Erfüllung', sofern die individuellen Produzenten – im Sinne einer qua Automation potentiell gewährleisteten physischen Grundversorgung – bereits „überflüssig" schienen (3, 172/8, 16). – Dieser gewichtige Aspekt der Technikphilosophie Adornos ist dabei, wie viele andere Wendungen seines Denken auch, inspiriert nicht lediglich von Marx, sondern (damit) ebenfalls von Hegel: Letzterem zufolge bereits geriete die notwendige Arbeit, einmal hindurchgegangen durch die anzunehmenden modernen Rationalisierungsprozesse, „so weit mechanisch", daß schlußendlich „der Mensch davon wegtreten und an seine Stelle die Maschinen eintreten lassen kann."[158]

Die Irrationalität des *Status quo* bestünde demgegenüber darin, dieses utopische Potential rigoros abzuwehren, um es als u–topisch somit überhaupt erst zu bestimmen: „Die immanente Entfaltung der Produktivkräfte, die menschliche Arbeit bis zu einem Grenzwert überflüssig macht, birgt das Potential von Änderung; die Abnahme der Quantität von Arbeit, die technisch heute bereits minimal sein könnte, eröffnet eine neue gesellschaftliche Qualität, die sich nicht auf einsinnigen Fortschritt zu beschränken brauchte, wenn nicht einstweilen die Drohung, die eben daraus den Produktionsverhältnissen erwächst, das Gesamtsystem dazu verhielte, in seine bornierte Tendenz unerbittlich sich zu verbeißen." Subtilerweise werde ‚Vollbeschäftigung' zum erklärten Ziel gerade dort, „wo Arbeit nicht länger das Maß aller Dinge sein müßte" (8, 236). – Darüber: „[o]b die Arbeit durch Maschinen befreit oder nur noch weiter erniedrigt wird", macht sich neuerlich Gedanken etwa auch wieder Dietmar Dath[159] (s.o.) – und bezeugt damit, wie angedeutet, zumindest die Aktualität der hier vorgetragenen Überlegungen Adornos am offensichtlichen Vorabend der Lohnarbeitsgesellschaft.

In Anbetracht des geschilderten technischen Zerstörungspotentials allerdings, so Adorno, wäre Voraussetzung einer gesellschaftlichen Neuordnung der technischen Funktionsweise – die technische Entwicklung hat den von Hegel prophezeiten Stand ja unlängst erreicht – wiederum deren Domestizierung; dann erst könne die Technik der Natur (wieder) ‚beistehen' und zu dem verhelfen, „wohin sie vielleicht möchte" (7, 76/107). – Zwar unterstellt Adorno der esoterisch aufgeladenen Technik einen immanenten Willen, abermals; dieser ‚Wille' aber scheint, bilanziert man den bisherigen gesellschaftspolitischen Erfolg der hier verhandelten Idee(n), nicht in dem Maße ausgeprägt, als daß er sich bis heute auch tatsächlich hätte durchgesetzt (Adorno selbst war anderweitig ja ohnehin der Auffassung, die Technik vergrübe sich nur tiefgreifender in die bestehende wirtschaftspolitische Ordnung, s.o.). Die seitens Adorno vorwiegend vertretene Annahme einer wenn überhaupt gegebenen *Neutralität* der Technik wäre daher sinnvoller.

---

158 [Zitiert nach: Nachdenken über Technik. Die Klassiker der Technikphilosophie. Hg. v. Hubig, Christoph. Berlin 2000. S. 36.]

159 Ders.: Maschinenwinter. Wissen, Technik, Sozialismus. A.a.O. S. 52.

Der Fehler des Sozialismus jedenfalls, welcher auf den Stand der Technik als *Garanten* gesellschaftlicher Transformation vertraut hätte, dürfe sich nicht wiederholen (s.o.). Die ‚Umlenkung der Produktivkräfte', keine individual–ethische Frage „guten oder bösen Willens" (s.o.), hätte *bewußt*, d.h. qua politischer Willensbildung, zu erfolgen. Die Technik würde somit von den ihr heteronom auferlegten Zwecken befreit und gemäß den ihr a priori inhärierenden (wirtschafts–),demokratisch' organisiert (20.1, 316).

Hinsichtlich der nationalsozialistischen Machtergreifung spricht Adorno zwar vom ‚versäumten Augenblick' einer derartigen Umwälzung; zumindest die Erinnerung an die Möglichkeit jedoch, daß es auch ‚anders' sein könnte, will er weiterhin wach halten: „[I]m Stande der Freiheit", so die Wortwahl, richte sich die Technik nach den Menschen aus – nicht umgekehrt. „Der physische Mangel, der lange seiner [dem Fortschritt] zu spotten schien, ist potentiell beseitigt: nach dem Stand der technischen Produktivkräfte brauchte keiner auf der Erde mehr zu darben."[160] (10.1, 391/10.2, 618)

Daraufhin kommt Adorno, vergleichsweise deutlich, auf sein Ideal gewissermaßen einer ‚Planwirtschaft' zu sprechen, wie sie der Idee eines ‚3. Weges', eines demokratischen Sozialismus[161], sich durchaus kommensurabel zeigt: der etwaigen Vereinbarung politisch/kultureller Freiheit mit der Aufhebung des ökonomischen Anarchismus: „Und daß es doch noch ungezählte Millionen gibt, die an Hunger und Mangel leiden, liegt lediglich an den Formen der gesellschaftlichen Produktion, [...] nicht aber länger an der Möglichkeit materieller Befriedigung dem Stand der Technik nach; insbesondere, wenn man dabei auch die Möglichkeiten einer wirklich rationalen Organisation der Landwirtschaft auf der ganzen Erde einbegreift." (N 4.13, 203) – Diese Lesart erlangt ihre Legitimation auch aufgrund der mit Rekurs auf die autoritären Auswüchse der Staatssozialismen getroffenen Aussage, die technisch deduzierte Beseitigung des physischen Mangels *erübrige* die „Repression"[162]; mit der Entfaltung des technischen Potentials begebe sich die Menschheit „von selbst" – eben ohne externen Zwang – in einen „Stand von Freiheit" (N 4.13, 252). Schließlich sogar heißt es: Die technische Entwicklung wäre bereits heute dermaßen vorangeschritten, daß „alle Funktionen allen" zuzutrauen wären (4, 221).

Die technologische „Verwirklichung der Utopie" – ‚Traum eines vom ‚Bösen' befreiten Zustandes' –, sie wäre also „absehbar" (10.1, 99/20.2, 682). – Adorno wie auch die übrigen Vertreter der frühen Kritischen Theorie jedoch halten sich, trotz obiger Allusionen, weitestgehend bedeckt im Hinblick auf eine eingehendere, gar ‚staatsphilosophische' Umschreibung jenes (vermeintlich) besseren Zustandes: Es wären aufzuzeigen die seit dem *cultural, linguistic* und *spiritual (re–)turn* der Geisteswissenschaften verstärkt diskutierten Übereinstimmungen mit dem chiliastischen Bilderverbot (derlei Überlegungen haben Adornos Philosophie das fragwürdige Si-

160 [Einschub von mir.]

161 Derartige real–politische Ansätze – im Kongo, in der Tschechoslowakei, in Chile – sind bekanntlich im Kontext der Blockkonfrontation ‚zermahlen' worden.

162 An dieser Stelle ergeben sich deutliche Analogien zur trotzkistischen Annahme, wonach sich die Sowjetunion kaum in dem Maße autoritär entwickelt hätte, wären die *west*europäischen Revolutionen geglückt und die dortigen Schlüsselindustrien erfolgreich integriert worden (vgl. Trotzki, Leo: Verratene Revolution. Essen ²1996).

gel einer ‚negativen Theologie'[163] eingebracht). ‚Die Erfüllung', soviel aber scheint sicher, erstreckte sich nicht auf die ‚falschen Bedürfnisse', weswegen die durchgeführte Utopie nicht unbedingt als solche auch empfunden würde („Wenn Träume sich erfüllen, ist es anders als geträumt ward."). Der erreichte Stand der ratio jedenfalls, welcher sich im Stand der Technik sedimentiert, enthebe, „durch die Möglichkeit des Überflusses", das Herrschaftsprinzip seiner Grundlage (3, 124/20.2, 550). (Jener Stand der ratio freilich hatte zur Voraussetzung skizzierte „libidinöse Besetzung der Technik" – deren kapitalistische Fetischisierung –, ohne welche „schwerlich die technischen Erfindungen gemacht [würden], die einmal Hunger und sinnloses Leiden aus der Welt vertreiben mögen", s.o.) (8, 67f./N 4.13, 223).

Die abgespaltene Vernunft nähere sich, „in Gestalt der Maschinen", einer Gesellschaftsformation, welche die Reflexion, in ihrer „Verfestigung als materielle wie intellektuelle Apparatur", mit dem (dann) „befreiten Lebendigen" versöhnte. – Wenn Adorno schließlich prognostiziert, die industrielle Gesellschaft würde beständig zum „reale[n] Subjekt" des Denkens, so betreibt er, bei aller Relevanz der von ihm angestrengten Überlegungen, dabei aber doch letztlich genau das, was er ansonsten seinen Gegnern vorhält: (soziologisch–)sublimierte Transzendentalphilosophie (s.o.) (3, 55). – Dies ist zu beklagen oder zu begrüßen.

Die nicht lediglich von Habermas bemerkte strukturelle Verschwisterung der marxisch–inspirierten Konzeption der Utopie: der technischen ‚Abschaffung der Arbeit', schließlich mit der romantischen Feier des infantilen Genius dann verdeutlicht sich qua Referenz auf die scheinbar unverstellte Wahrnehmung des Kindes (s.o.):

> Die Wahrnehmung technischer Dinge in der Kindheit, der sie als Bilder eines Nahen und Helfenden, rein vom Profitinteresse vor Augen stehen, verspricht einen solchen Zustand; seine Konzeption war den Sozialutopien nicht fremd. Als Fluchtpunkt der Entwicklung ließe sich denken, daß die ganz nützlich gewordenen Dinge ihre Kälte verlören. Nicht nur die Menschen müßten dann nicht länger leiden unter dem Dingcharakter der Welt: ebenso widerführe den Dingen das Ihre, sobald sie ganz ihren Zweck fänden, erlöst von der eigenen Dinglichkeit. (10.1, 392)

Die „Realisierung der Utopie aus dem Geist der Maschine"[164] (Helmuth Plessner), das technische „Paradies auf Erden", wie es in den Nachgelassenen Schriften *expressis verbis* heißt, es wäre: „möglich" (N 4.16, 76).

---

[163] Vgl. Kroth, Jürgen: Negative Theologie. Untersuchungen und Versuche über politische Theologie in Auseinandersetzung mit Theodor W. Adorno. (Diss.) Münster 1995.

[164] Plessner, Helmuth: „Die Utopie in der Maschine." In: Ders.: Gesammelte Schriften Bd. 10. Schriften zur Soziologie und Sozialphilosophie. Hg. v. Dux, Günter [u.a.]. Frankfurt a. M. 1985. S. 38.

I.c)α *Freizeit*

ich kenne kein Weekend. (Joseph Beuys)

– Gesetzt den Fall aber, die beschworene Enthebung von der (entfremdeten) Arbeit, die Utopie, würde Wirklichkeit, so stellte sich die naheliegende Frage, in welcher Weise die Menschen mit der neu gewonnenen Freiheit umgingen: Ist die vollständige technische Beseitigung der (bisherigen) anthropologischen Konstante ‚gesellschaftlich notwendiger Arbeit' wirklich wünschenswert? Verkennen Adorno (und andere[165]) deren ‚sinn–spendende' Funktion, zumindest unter den Vorzeichen einer bürgerlich/kapitalistischen Gesellschaftsordnung? – Diese Fragestellung thematisiert Adorno, wenngleich implizit, in seinem Aufsatz zum Begriff der *Freizeit* (10.2, 645ff.):

Dort rekurriert er zunächst auf die qualitative Differenz eben der *Freizeit* gegenüber dem (scheinbar) überkommenen Konzept der *Muße* – freilich in der Absicht, erstere fundamentaler Kritik zu unterziehen. Die ‚Freizeit' nämlich verwiese immer schon auf ihren etwaigen Widerpart, die heteronome Arbeit; sie bliebe, negativ, an diesen ihren Widerpart „gekettet".

Sofern sich das Individuum, als Rollenträger, gerade unter den bestehenden Verhältnissen nicht fein säuberlich trennen ließe vom ‚Wesen'–an sich der Person, hätten sich die Verfechter auch der starren *Abgrenzung* von Arbeits– und Freizeit einzugestehen, daß, „selbst, wo der Bann sich lockert und die Menschen wenigstens subjektiv überzeugt sind, nach eigenem Willen zu handeln, dieser Wille gemodelt ist von eben dem, was sie in den Stunden ohne Arbeit loswerden wollen." – Der Lohnarbeit entlehnte Rationalitäts– und Verhaltensmuster also würden in die Freizeit–Tätigkeiten „eingeschmuggelt".

Aufgrund der (technisch) gesteigerten Arbeitsproduktivität wäre die Freizeit bereits jetzt zwar „überaus angewachsen", und die absehbare Entwicklung der Automation sowie der Kernenergie – Adorno kann dieser noch vorbehaltlos begegnen – , dürften sie noch ausweiten; jene Heteronomie, welche sich in ihr *per definitionem* verlängere, werde davon jedoch nicht tangiert. – Der ältere Begriff der Muße hingegen, so Adorno, repräsentiere demgegenüber „etwas qualitativ anderes, Glückvolleres": *wirkliche* Autonomie.[166]

Weitere zentrale „Freizeitphänomene", wie etwa der Tourismus, kompromittierten, ob ihres profit–orientierten Charakters, das eigentliche Telos der arbeitsfreien Zeit: die Wiederherstellung der ‚Ware Arbeitskraft'. Mit Blick auf die angestrebte Regeneration separiere das vorherrschende Arbeitsethos „mit puritanischem Eifer" Arbeits– und freie Zeit; darin liege begründet „der Grund des Schwachsinns vieler Freizeitbeschäftigungen". – Der ‚gelungenen Freizeit' „tätiger Muße" (Ernst Bloch) inhäriert für Adorno also immer schon ein gewisses Quantum ‚sinnvoller Eigenaktivität' (10.2, 645ff.): eben die einschlägige Option, „heute dies, morgen jenes zu tun, morgens zu jagen, nachmittags zu fischen, abends Viehzucht zu betreiben,

---

165 Vgl. etwa: Lafargue, Paul: Das Recht auf Faulheit. Widerlegung des „Rechtes auf Arbeit" von 1848. O.O. 1978.

166 Auch die nicht–marxischen Soziologien würden, unter Verwendung des ‚Rollen'begriffs, anerkennen die gegenwärtige Nichtidentität der Menschen mit dem „was sie an sich sind oder was sie sein könnten" (10.2, 645).

nach dem Essen zu kritisieren, wie ich gerade Lust habe, *ohne* je Jäger, Fischer, Hirt oder Kritiker zu werden.“[167]

Ein weiterer Grund der kulturellen Verhärtung jener Zweiteilung wäre überdies das grundsätzliche bürgerliche Mißtrauen allem Heterogenen, nicht eindeutig zu Identifizierenden gegenüber (zu beobachten auch in der stringenten Zuschreibung von Geschlechteridentitäten). Eine dementsprechend „[o]rganisierte Freiheit“ werde, schenkt man dem Freudianer Adorno Glauben, zusehends zwangsneurotisch („wehe, wenn du kein Hobby [...] hast“).

Da den Menschen *eigentliche* Produktivität: die „Fähigkeit zum nicht schon Dagewesenen“, jedoch ausgetrieben würde, wäre es dennoch abwegig, zu verlangen, die Freizeit müsse eben ‚produktiv' genutzt werden. Dieser unterschwellige Imperativ kulminiere zumeist in Erzeugnissen, welche, angesichts des erreichten Grades an Arbeitsteilung, „andere besser herstellen können als die Freizeitler“ (s.o.); Schein–Aktivität grassiere – auch unter den Opponenten der bestehenden Gesellschaft, wie es 1969 wohl unter Anspielung auf den popkulturellen Abkömmling der Jugendbewegung: die *Hippie*–Bewegung, heißt (10.2, 648/651). Adorno vermutet ein „zurückgestautes Bedürfnis nach Änderung der versteinerten Verhältnisse“; die „fehlgeleitete Spontaneität“ der Aktivisten jedweder Provenienz impliziere eine ‚dumpfe Ahnung' letztlich vom vergeblichen Charakter der aufgewendeten Bemühungen.[168]

Die in der DdA vorgebrachte These *umfänglicher* Manipulation jedoch relativiert Adorno an dieser Stelle; die „Integration von Bewußtsein und Freizeit“, wie es heißt, wäre „doch noch nicht ganz gelungen“ (10.2, 652/655). – Er kommt somit zu einer realitätsgerechteren Einschätzung des technischen Indoktrinationspotentials – ohnehin sollte seine ‚Flaschenpost' ja beizeiten rezeptionshistorisch ‚an Land gehen' (können): „Das würde zusammenstimmen mit der gesellschaftlichen Prognose, daß eine Gesellschaft, deren tragende Widersprüche umgemindert fortbestehen, auch im Bewußtsein nicht total integriert werden kann.“ – Hierin sieht er „eine Chance von Mündigkeit“, welche dazu beitragen könne, „daß Freizeit in Freiheit umspringt.“ (10.2, 655)

Adornos in Anlehnung an den Begriff der Muße konzipierter, ‚kompatibilistischer' Entwurf der Freiheit – *en gros* freilich ist er dem soziologischen Determinismus zuzurechen – intendiert demgemäß die (künstlerisch inspirierte) *Aufhebung der Dichotomie von Arbeits– und Freizeit*, zugunsten letzterer.[169] – Er veranschaulicht sein Konzept autobiographisch in Abgrenzung zur bürgerlichen „Hobby–Ideologie“:

---

[167] MEW. Bd. 3. A.a.O. S. 33. [Hervorhebung von mir.] – An anderer (exponierter) Stelle freilich neigt er, erneut mit Allusion auf Kant – im Anschluß aber vor allem an Lafargue –, zur Apologie gänzlicher Inaktivität: „Rien faire comme une bête, auf dem Wasser liegen und friedlich in den Himmel schauen, ‚sein, sonst nichts, ohne alle weitere Bestimmung und Erfüllung' könnte an die Stelle von Prozeß, Tun, Erfüllen treten und so wahrhaft das Versprechen der dialektischen Logik einlösen, in ihren Ursprung zu münden. Keiner unter den abstrakten Begriffen kommt der erfüllten Utopie näher, als der vom ewigen Frieden.“ (4, 179)

[168] Als weiteres Beispiel der Pseudo–Aktivität könne abermals gelten der Sport: Auch hier wäre der vorgebliche Selbstzweck, die sogenannte *fitness*, gekoppelt an den „geheimen Zweck[ ]“ der „fitness für die Arbeit“ (s.o.).

[169] Demgegenüber ist heute das genaue Gegenteil zu verzeichnen: Trotz technischer Abnahme der gesellschaftlich notwendigen Arbeit erfolgt die Aufhebung jener Dichotomie zugunsten einer Aus-

> Ich habe kein hobby. Nicht daß ich ein Arbeitstier wäre, was nichts anderes mit sich anzufangen wüßte, als sich anzustrengen und zu tun, was es tun muß. Aber mit dem, womit ich mich außerhalb meines Berufs abgebe, ist es mir, ohne alle Ausnahme, so ernst, daß mich die Vorstellung, es handele sich um hobbies, also um Beschäftigungen, in die ich mich sinnlos vernarrt habe, nur um Zeit totzuschlagen, schockierte [...]. Musik machen, Musik hören, konzentriert lesen ist ein integrales Moment meines Daseins, das Wort hobby wäre Hohn darauf. Umgekehrt ist meine Arbeit, die philosophische und soziologische Produktion und das Lehren an der Universität, mir bislang so glückvoll gewesen, daß ich sie nicht in jenen Gegensatz zur Freizeit zu bringen vermöchte, den die gängige messerscharfe Einteilung von den Menschen verlangt. [...] Würde Freizeit wirklich einmal der Zustand, in dem, was einmal Vorrecht war, allen zugute kommt – und etwas davon ist der bürgerlichen Gesellschaft im Vergleich zur feudalen gelungen –, so stellte ich mir sie nach dem Modell dessen vor, was ich an mir selbst beobachte, obwohl dies Modell in veränderten Verhältnissen seinerseits sich änderte.

Daß es jedoch nicht ausnahmslos jedem Mitglied auch einer zukünftigen Gesellschaft gestattet sein kann, der privilegierten Lebensweise Adornos beruflich und/oder privat (erfolgreich) nachzueifern, scheint klar; von daher verbleibt Adornos Selbstbeobachtung ‚mit Vorbildcharakter' *nolens volens* elitär[170] – was er selbst zugibt (10.2, 646ff.).

– Konstitutives „Moment der Freizeit unter den gegenwärtigen Bedingungen" wäre demgegenüber die *Langeweile*: Der „Zustand des Dösens" durchdringe nicht lediglich den passiven Zustand eigentlicher Nicht–Aktivität, sondern wäre unlängst aufgestiegen zum Merkmal etwa auch der technisch–ermöglichten Fernreisen (den Reisenden wäre es kaum mehr gestattet, aus dem „Immergleichen" auszubrechen) (10.2, 649).

1. Technik und Langeweile: Arthur Schopenhauer

Schopenhauer formulierte früh eine Theorie über die Langeweile. Seinem metaphysischen Pessimismus gemäß lehrt er, daß entweder die Menschen an der unerfüllten Begierde ihres Willens leiden oder sich langweilen, sobald sie gestillt ist. Die Theorie beschreibt recht gut, was aus der Freizeit der Menschen unter jenen Bedingungen wird, die Kant solche von Heteronomie würde genannt haben [...]. (10.2, 649f.[171]*)*

Als erhellender Kontrast zum technisch–fundierten Geschichtsoptimismus Adornos – kulminierend in der Rehabilitierung der ‚Muße' – erweist sich Arthur Schopenhauers einschlägige Theorie eben der Langeweile: Bei aller Wertschätzung – technikphilosophisch subordinierte Adorno Schopenhauer in die Reihen der ‚romanti-

---

dehnung der *Arbeits*zeit, zu beobachten insbesondere im ‚Kreativ'– und ‚Dienstleistungs'milieu. (Speziell letzterer Sektor erweckt dabei den nicht unbegründeten Verdacht, mit seiner ‚Erfindung' bzw. mit der Produktion immer neuer [‚falscher'] Bedürfnisse solle die profit–orientierte Wirtschaftweise ‚künstlich' aufrechterhalten werden.)

170 Ähnlich argumentiert Habermas (mit Blick auf die Kulturtechnik des ‚Eingedenkens der Natur im Subjekt', s.u.).

171 [Hervorhebung von mir.]

schen Philister', welche in der reformierten gesellschaftlichen Einbettung der Technik, überspitzt formuliert: in der „Abschaffung der Arbeit", zuvorderst ein Übel erblickten (10.1, 117).[172]

Schopenhauers ,Leidensmetaphysik' hebt bekanntermaßen darauf ab, daß das menschliche Leben als höchste Stufe der Objektivation des Willens mit dem Leiden als solchem gleichzusetzen ist – u.a., weil die dem Menschen artspezifische Fähigkeit zur Reflexion das Leiden noch potenziere.[173] In letzter Konsequenz muß Schopenhauer daher die „freie Existenz"[174] auch der Muße disqualifizieren eben als „Langeweile" (von der freilich jene „mit überwiegenden Geisteskräften ausgestatteten"[175] Aristokraten verschont blieben). Die Langeweile, soweit nicht durch Zerstreuung[176] zeitweilig behoben, repräsentiere somit aufs Neue das der unablässigen Begierde aktiven Lebens korrespondierende Leiden. – Adorno spricht diesbezüglich vom Schopenhauerschen ,Pendel zwischen Leiden und Langeweile' (3, 290).

Etwa in den *Aphorismen zur Lebensweisheit*[177] untermauert Schopenhauer seine anthropologische These, das Gros der Bevölkerung – in der *Welt als Wille und Vorstellung* misanthropisch als ,Fabrikware der Natur' denunziert – verfiele im Falle einer wie immer gearteten „Exemtion von der Not" schlicht dem „anderen Pol des menschlichen Elends", der „Langenweile".[178] Und, wie angedeutet, geht er (tendenziell) so weit, zu behaupten, das von der Langeweile verursachte Unbehagen überstiege noch die gewöhnliche Not: „Wirklich befinden Unzählige sich bloß deshalb in Mangel, weil, als sie Geld hatten, sie es ausgaben, um nur augenblickliche Linderung der sie drückenden Langeweile zu verschaffen."[179]

Die vorhersehbare *und berechtigte* Reaktion des soziologisch–inspirierten Theoretikers, Adorno ist diesen zuzurechnen, bestünde freilich darin, zu insistieren eben auf dem *nicht ein für alle Mal gegebenen* durchschnittlichen Bildungsstand der „niederen Volksklassen"[180] (auch bei Schopenhauer sind die als solche *veranlagten* Künstler und Intellektuellen von der Schmach der Langeweile ja ausgenommen, s.o.):

> Langeweile ist Funktion des Lebens unterm Zwang zur Arbeit und unter der rigorosen Arbeitsteilung. Sie müßte nicht sein. (10.2, 650)

Nichtsdestotrotz spricht Schopenhauers Pessimismus, der im Falle einer technologischen Abschaffung der Arbeit seine anthropologische Relevanz wohl zunächst behielte, indirekt aus, was Adorno verschweigt, Marx aber noch wußte: Aller Voraussicht nach blieben die ,Male der alten Gesellschaft' den Individuen vorerst noch er-

---

172 Marx sieht in der (nicht–entfremdeten) Arbeit *ebenfalls* ein anthropologisch–konstantes Bedürfnis.

173 Demgegenüber nimmt Adorno die konträre Position ein, insofern er dem Menschen zuspricht, das eigene Leiden rational relativieren zu können.

174 Schopenhauer, Arthur: Aphorismen zur Lebensweisheit. Stuttgart 1991. S. 50.

175 Ebd., S. 44.

176 Auch die Zerstreuung freilich werde ihrerseits zur Quelle neuen Leides, indem sie als „Luxus, Spiel, Trunk u. s. w." „Schaden, Ruin und Unglück" (re–)produziert (ebd., S. 141.).

177 Ebd.

178 Ebd., S. 60.

179 Ebd.

180 Ebd., S. 33.

halten, und d.h. für unseren Zusammenhang: Ob und inwiefern die von der (Lohn–)Arbeit entbundenen Menschen ihre so gewonnene Zeit ‚sinnvoll'[181] zu nutzen wüßten, bleibt ungewiss. Zumindest die noch voll und ganz auf die Ausübung vermeintlich ‚gesellschaftlich notwendiger Arbeit' abgerichteten Generationen hätten sich gänzlich neu zu orientieren. Wie gesagt: Daß ausnahmslos jede Person ihre Erfüllung fände etwa in der Beschäftigung mit Kunst und Wissen(schaft), ist und bleibt anzuzweifeln (s.o.). Und auch die ‚Eigenarbeiten' (André Gorz) bedürften, zumindest anfangs, institutioneller Anleitung (Ernst Bloch spricht dahingehend von einem obligaten ‚Regime der Lehrenden' – das sich, hier ist Hans Jonas[182] beizupflichten, nur allzu leicht in eine ‚vielarmige Überwachungstechnokratie' auswachsen könnte).

Wie Wolf Lepenies anmerkt, antizipiert hingegen der junge Marx die Gefahr ‚utopischer Langeweile', „wenn er für die Mitglieder der künftigen Gesellschaft erträumt, jederzeit den Beruf wechseln zu können: auch ein Mittel gegen Langeweile!"[183] – Adorno hätte der anzunehmenden ‚Dialektik' seiner durchaus wünschenswerten technischen Utopie also durchaus mehr Aufmerksamkeit entgegenbringen können – zumal gerade der frühe Marx nicht ohne Bedeutung ist wiederum für die frühe Kritische Theorie.

Der pessimistische Schopenhauer freilich hielte dergleichen der ‚Hegelei' verdächtige Überlegungen per se für vergebens: „Jener innern Leere aber und Dürftigkeit der Menschen ist auch Dieses zuzuschreiben, daß wenn ein Mal, irgend einen edelen, idealen Zweck beabsichtigend, Menschen besserer Art zu einem Verein zusammentreten, alsdann der Ausgang fast immer dieser ist, daß aus jenem *plebs* der Menschheit, welcher in zahlloser Menge, wie Ungeziefer, überall Alles erfüllt und bedeckt, uns stets bereit ist, Jedes, ohne Unterschied, zu ergreifen, um damit seiner Langenweile, wie unter andern Umständen seinem Mangel, zu Hülfe zu kommen, – auch dort Einige sich einschleichen, oder eindrängen, und dann bald entweder die ganze Sache zerstören, oder sie so verändern, daß sie ziemlich das Gegenteil der ersten Absicht wird. –"[184]

Vergleichsweise optimistisch aber insistiert Adorno darauf – dies in bewußter Abgrenzung zu Schopenhauer: die Langeweile, wie auch die „politische[ ] Apathie", wären „Reflex auf das objektive Grau", das Phantasie a priori verkümmern lasse. Die Menschen würden „an ihre Arbeit und an das System gekettet, das sie zur Arbeit dressiert, nachdem es dieser weitgehend bereits nicht mehr bedürfte." (10.2, 651)

---

[181] Diese Fragestellung erlang Aktualität etwa mit Blick auf die Debatte um ein ‚bedingungsloses Grundeinkommen'.

[182] Jonas, Hans: Das Prinzip Verantwortung. Versuch einer Ethik für die technologische Zivilisation. A.a.O. S. 316ff.

[183] Lepenies, Wolf: Melancholie und Gesellschaft. Mit einer neuen Einleitung: Das Ende der Utopie und die Wiederkehr der Melancholie. Frankfurt a. M. 1998. S. 130.

[184] Schopenhauer, Arthur: Aphorismen zur Lebensweisheit. A.a.O. S. 149.

I.c)β „Metaphysik der Produktivkräfte“: Von Saint–Simon zu Marx

Es ist kein Zufall, daß der Sozialismus mit dem Anfang der Maschinentechnik erscheint […].[185] *(Hans Jonas)*

Selbst wenn er, wie dargelegt, diesbezüglich gegen ihn polemisiert: Zentrale Quelle der Beeinflussung hinsichtlich der gewichtigen normativ/utopischen Konnotation der Technik bei Adorno ist und bleibt Karl Marx bzw. dessen „Metaphysik der Produktivkräfte“[186] (Alfred Seidel). Der wissenschaftliche Anspruch Marxens kann den utopistischen Charakter seiner Technikphilosophie – angelegt wiederum beim französischen Utopisten Claude–Henri de Saint–Simon – jedoch nicht verdecken:

> Selbst Marx, der ansonsten einen eher nüchtern analysierenden und ironisch distanzierten Stil pflegt, zeigt sich davon [von der industriellen Entfaltung der Technik] nicht unbeeindruckt, wie die folgende Passage beweist: ‚Als gegliedertes System von Arbeitsmaschinen, die ihre Bewegung nur vermittels der Transmissionsmaschinerie von einem zentralen Automaten empfangen, besitzt der Maschinenbetrieb seine entwickelte Gestalt. An die Stelle der einzelnen Maschine tritt hier ein mechanisches Ungeheuer, dessen Leib ganze Fabrikgebäude füllt und dessen dämonische Kraft, erst versteckt durch die fast feierlich gemeßne Bewegung seiner Riesenglieder, im fieberhaft tollen Wirbeltanz seiner zahllosen eigentlichen Arbeitsorgane ausbricht.’[187]

Grosso modo jedoch fokussiert Marx, ähnlich wie zuvor Giambattista Vico oder Rousseau, die *problematischen* Nebenerscheinungen des ‚Prozesses der Zivilisation’. Bereits der frühe, in erster Linie philosophisch argumentierende Marx bemerkt die reale Diskrepanz zwischen dem formalen Anspruch der bürgerlich/kapitalistischen Gesellschaft, ihren Mitgliedern die umfassende Möglichkeit freier Entfaltung zu gewährleisten – während gleichzeitig weite Teile der Bevölkerung unter der Bedingung entfremdeter (Lohn–)Arbeit vom *selbst erwirtschafteten* gesellschaftlichen Reichtum ausgeschlossen bleiben (auch die von ‚Arbeitskraftnehmer’–Seite bereitgestellten Arbeits*mittel*, für die selbige ‚Verantwortung’ deklamieren, sind ja in der Tat nicht ‚vom Himmel gefallen’, sondern – zumeist – eben von den ‚Arbeitskraftgebern’ erst erwirtschaftet worden): *In abstracto* konstatiert er die industriell motivierte Störung des „Stoffwechsels von Mensch und Erde“ – welcher er, weitgehend implizit, das Ideal einer systematischen Regulierung der für ihn maßgeblichen ökonomischen Sphäre entgegenhält.

Die profit–orientierte Dynamik forciere zwar den zu begrüßenden Entwicklungsgang der Technologie, in Marxens Terminologie: der ‚Produktionsmittel’ –

---

[185] Jonas, Hans: Das Prinzip Verantwortung. Versuch einer Ethik für die technologische Zivilisation. A.a.O. S. 257. [Hervorhebung von mir.]

[186] In Anbetracht der kontext–relevanten Marx–Rezeption Adornos kommt jedoch bisweilen der Verdacht auf, Adorno verkenne die Marx–typische Rückführung der Technik wiederum auf die Instanz der Ökonomie: „An der Arbeitsteilung der frühindustriellen Manufaktur sei die Möglichkeit der Mechanisierung [nach Marx] erst ablesbar geworden, die Erfindung lägen nicht in der Luft, sondern seien im Arbeitsprozeß präformiert […].“ (Blumenberg, Hans: Geistesgeschichte der Technik. Frankfurt a. M. 2009. S. 92. [Einschub von mir.])

[187] Fischer, Peter: Philosophie der Technik. Eine Einführung. München 2004. S. 94. [Einschub von mir.]

hierin liegt seine spezifische Ambivalenz in der Beurteilung des Zivilisationsprozesses –; dies allerdings geschehe unter den gegebenen Vorzeichen eben auf Kosten der eigentlichen Quellen des gesellschaftlichen Reichtums: Mensch und Natur. Der Kant–Kritik Hegels folgend bemängelt er dahingehend die reale gesellschaftliche Ohnmacht des Kategorischen Imperativs und postuliert die elementare Existenzsicherung der vergemeinschafteten Individuen *qua Vergesellschaftung der Schlüsselindustrien*: auf daß jene Existenzsicherung nicht länger mit deren moralischem ‚Urtrieb' kollidiere.[188]

Das sogenannte *Gesetz des tendenziellen Falls der Profitrate* (s.o.), dargelegt im 3. Band des *Kapitals*, impliziert demgegenüber zunächst die nicht unmittelbar ersichtliche Verschränkung von technischer Entwicklung und kapitalistischer Wirtschaftsweise: Es besagt, daß der, bei gleichbleibender oder gar ansteigender Mehrwert–Rate, zunehmend notwendige Aufwand auf das ‚konstante Kapital' (etwa die Instandhaltung der Maschinerie) ebenjenes Sinken der Profitrate, also einen prozentual–niedrigeren Anstieg wiederum der Mehrwertrate, zur Folge habe – wodurch das obligatorische Scheitern der kommerziellen Logik (Adorno bestreitet diese Notwendigkeit zumeist, s.o.), noch forciert würde. – Zentraler Gedanke der disparaten Technikphilosophie Marxens aber bleibt wohl jene *Dialektik von Produktivkräften und Produktionsverhältnissen*: Die Technik in Form der Produktionsmittel wird, dieser gemäß, neben dem Proletariat, zum zweiten ‚Motor der Geschichte' stilisiert (s.o.); ihrer (wiederum ökonomisch deduzierten) Entwicklungslogik wird die fundamentale Änderung der gesellschaftlichen Ordnung zugetraut:[189]

> Die Produktions– und Verkehrsmittel, auf deren Grundlage sich die Bourgeoisie heranbildete, wurden in der feudalen Gesellschaft erzeugt. Auf einer gewissen Stufe der Entwicklung dieser Produktions– und Verkehrsmittel entsprachen die Verhältnisse, worin die feudale Gesellschaft produzierte und austauschte, die feudale Organisation der Agrikultur und Manufaktur, mit einem Wort die feudalen Eigentumsverhältnisse den schon entwickelten Produktivkräften nicht mehr. Sie hemmten die Produktion, statt sie zu fördern. Sie verwandelten sich in ebenso viele Fesseln. Sie mußten gesprengt werden, sie wurden gesprengt.
>
> [...] Unter unsern Augen geht eine ähnliche Bewegung vor. Die bürgerlichen Produktions– und Verkehrsverhältnisse, die bürgerlichen Eigentumsverhältnisse, die moderne bürgerliche Gesellschaft, die so gewaltige Produktions– und Verkehrsmittel hervorgezaubert hat, gleicht dem Hexenmeister, der die unterirdischen Gewalten nicht mehr zu beherrschen vermag, die er heraufbeschwor. Seit Dezennien ist die Geschichte der Industrie und des Handels nur die Geschichte der Empörung der modernen Produktivkräfte gegen die modernen Produktionsverhältnisse, gegen die Eigentumsverhältnisse, welche die Lebensbedingungen der Bourgeoisie und ihrer Herrschaft sind.

---

[188] Vgl. Fischer, Peter: „Zur Genealogie der Technikphilosophie." In: Technikphilosophie. Von der Antike bis zur Gegenwart. A.a.O. S. 294ff. bzw.: MEW. Bd. 3. A.a.O. S. 34./Bd. 23. A.a.O. S. 529ff.

[189] Fischer: „Zur Genealogie der Technikphilosophie." S. 306/309.

> [...] Die Waffen, womit die Bourgeoisie den Feudalismus zu Boden geschlagen hat, richten sich jetzt gegen die Bourgeoisie selbst.[190]

Wie angedeutet erinnert die Emphase, mit welcher Marx die Technik in Gestalt der (technischen) Produktivkräfte feiert und sie von seiner Zivilisationskritik letztlich ausnimmt, dabei zuweilen – dies bleibt für Adornos Äußerungen zum Bereich der Technik später nicht ohne Folgen – stark an jene noch dem frühen, utopischen Sozialismus französischer Prägung zuzuordnende Technikauffassung eines Claude–Henri de Saint–Simon.

Von dessen 1821 formulierten Lobpreisung der „Industriellen", welche „allein" „den ganzen Reichtum" hervorbrächten, bis hin zu zitierten Äußerungen Marxens, scheint lediglich ein gradueller Unterschied zu bestehen: So repräsentiert für Saint–Simon das „Industrieregime", wie es nicht ohne Pathos heißt, die „endgültige Ordnung des Menschengeschlechts", infolgedessen ebenjenen „Leitern der Unternehmen" auch sämtliche politische Verfügungsgewalt zu übertragen sei. Diese Subordination der Macht führe zur vorzeitigen Beendigung der moralischen Krisensituation, „in die der ganze europäische Westen verstrickt ist […]."[191]

Es wäre nicht zu verkennen, so der ‚messianische' Saint–Simon, „daß der göttliche Schöpfer des Christentums sein Werk nicht dazu verdammt hat, in Ewigkeit nur eine Kritik des politischen Systems zu bilden und sich niemals über den Zustand der Untätigkeit zu erheben" [192]:

> Von Beginn hat Gott für sein Werk als endgültige Bestimmung vorgesehen, eine aktive Wirkung auszuüben und der obersten Leitung der Gesellschaft zu dienen. […]
>
> Diese glückliche Lage der Dinge, die Gott der Menschheit für die Zeit verheißt, da ihre soziale Erziehung sich vollendet, ist heute erreichbar. Die gegenwärtig lebenden Christen sind von Gott dazu aufgerufen, die großen politischen Schlußfolgerungen aus dem allgemeinen Prinzip zu ziehen, das den Urchristen enthüllt worden ist. Diese Schlußfolgerungen bestehen darin, daß die weltliche (zeitliche) Macht den nutzbringenden, arbeitsamen und friedlichen Menschen zukomme und daß die geistige (geistliche) Macht den Menschen zukomme, die für die Menschheit nützliche Kenntnisse besitzen; daß in einem Wort, das industrielle und wissenschaftliche System begründet werde.[193]

Adorno selbst betont, daß, im Gegensatz zu seinem positivistischen Schüler Auguste Comte, bei welchem das technokratisch/statische Moment in Form der „zentrale[n] Rolle der technischen Experten" bereits Überhand nehme, die dynamische Akzentuierung der Technik auch bei Saint–Simon noch dominant wäre, insofern er dem einstmals progressiven Bürgertum durchaus zugezählt werden könne. – In diesem Punkte Adorno weiter folgend ließe sich daher von einer allgemeinen Ambivalenz der (Technik–)Soziologie sprechen (s.o.): Technik, ob nun als dynamisch/revolutionärer Geschichtsfaktor (‚Subjekt der Geschichte') oder als statisches

---

190 MEW. Bd. 25. A.a.O. S. 221ff.

191 Saint–Simon, Claude–Henri de: „Über das Industriesystem." In: Ders.: Ausgewählte Schriften. Hg. v. Zahn, Lola. Berlin 1977. S. 295f./304f. [S. 295f. original kursiv.]

192 Ebd., S. 311ff.

193 Ebd.

Manipulations– und Herrschaftsinstrument[194] in den Händen auf Stagnation bedachter Eliten – jeweils avanciere sie zur „Schlüsselkategorie der Gesellschaft"; und genau hierin liegt seiner Meinung nach die „Wurzel der Lehre von den Produktivkräften bei Marx". – Für Adorno selbst, im ästhetischen Kontext wird sich dies weiter verdeutlichen, bleibt dies nicht ohne Konsequenzen (N 4.15, 27).

I.c)χ Jürgen Habermas, Herbert Marcuse und die „neue Technik"

Der frühe Habermas[195] dann hebt an zu einer *Fundamentalkritik* der utopischen Konnotation(en) der Technik. Seine Kritik entfaltet er in Auseinandersetzung dabei wiederum mit Äußerungen Herbert Marcuses – diese liefen hinaus auf die chimärenhafte Forderung letztlich einer ‚neuen Technik'. – Der Verlauf der Argumentation des geläuterten Heidegger–Schülers Marcuse erinnert dann zunächst einmal stark an die skizzierte pessimistisch–anthropologische Sichtweise der Technik, wie sie Adornos Auffassung selbiger bekanntlich opponiert: „Nicht erst ihre Verwendung, sondern schon die Technik ist Herrschaft (über die Natur und über den Menschen), methodische, wissenschaftliche, berechnete und berechnende Herrschaft", so Marcuses Hauptthese.[196] „Bestimmte Zwecke und Interessen der Herrschaft sind nicht erst ‚nachträglich' und von außen der Technik oktroyiert – sie gehen schon in die Konstruktion des technischen Apparats selbst ein [...]."[197]

Im Gegensatz aber zur anthropologischen Konzeption der Technik – wenngleich in Analogie zur Kritik neuzeitlicher Rationalität eben bei Heidegger und Edmund Husserl – bestimme Marcuse die Technik dennoch als „geschichtlich–gesellschaftliches" *und somit letztlich wandelbares* ‚Projekt' (Jean–Paul Sartre). Die Aussicht einer überhaupt erst zu begründenden „Neuen Wissenschaft" dann repräsentiere Marcuses (Gegen–)Entwurf – welcher, so Habermas, jenem in der jüdischen Mystik (bis einschließlich Adorno) waltenden Gedanken einer „Resurrektion der gefallenen Natur" korrespondiere (s.u.).[198]

Diese „schwache Hoffnung"[199] verwirft Habermas:

> Dem ist entgegenzuhalten, daß die neuzeitliche Wissenschaft als ein historisch einmaliges Projekt nur aufgefaßt werden könnte, wenn mindestens *ein* alternativer Entwurf denkbar wäre. Und ferner müßte eine alternative Neue Wissenschaft die Definition einer *Neuen Technik* einschließen. Diese Überlegung ernüchtert, weil Technik, wenn sie überhaupt auf einen Entwurf zurückgeht, offenbar nur auf ein ‚Projekt' der Menschengattung insgesamt zurückgeführt werden kann und nicht auf ein historisch überholbares.[200]

---

194 Vgl. Adornos Theorie der ‚Kulturindustrie' (S. 77ff.).

195 Ders.: Technik und Wissenschaft als „Ideologie". Frankfurt a. M. 1969. S. 48ff.

196 Ebd., S. 50. [Dort zitiert nach: Marcuse, Herbert: „Industrialisierung und Kapitalismus im Werk Max Webers." In: Ders.: Kultur und Gesellschaft II. Frankfurt a. M. 1965.]

197 Ebd.

198 Ebd., S. 52–54. – Vgl. unteres Kapitel zum *Eingedenken der Natur (im Subjekt)* (S. 118ff.).

199 Dubiel, Helmut: Kritische Theorie der Gesellschaft. Eine einführende Rekonstruktion von den Anfängen im Horkheimer–Kreis bis Habermas. A.a.O. S. 92.

200 Habermas: Technik und Wissenschaft als „Ideologie". S. 55. [Hervorhebung von mir.]

Dementsprechend insistiert Habermas (mit Gehlen) auf der intrinsischen Verschränkung der „uns bekannten Technik“ mit der anthropologischen „Struktur zweckrationalen Handelns“.[201]

Unter Bezugnahme wiederum auf Marcuses These, das (wenngleich sozialpolitisch domestizierte) Herrschaftsparadigma bestünde fort gerade *aufgrund* der „Fähigkeit und d[e]s Interesse[s], den Apparat als ganze[n] zu erhalten und zu erweitern“[202] – unter affirmativem Rückbezug also auf die Annahme, die Produktionsverhältnisse legitimierten ihren Fortbestand heute gerade *mit Verweis* auf die elaborierten Produktivkräfte –, kommt Habermas dann zu dem Schluß: Eben die *Produktionsverhältnisse*, und es spricht einiges für diese Annahme, repräsentierten nicht länger den primären Legitimationsrahmen des fortgeschrittenen Kapitalismus, sondern vielmehr *die (technischen) Produktivkräfte selbst*: *Das einstmals für emanzipatorisch befundene Subsystem von ‚Technik und Wissenschaft' inkorporiere nunmehr das gegenwärtige Herrschaftsparadigma.*[203] (In der von Adorno verfochtenen Monopolbildungsthese zeichnete sich diese theorie–immanente Entwicklung ja bereits ab, s.o.).

Mit der These, Herrschaft als solche hätte von der gesellschaftlichen (Fehl–) Steuerung der Technik auf diese selbst übergegriffen, gesellen sich Marcuse wie Habermas über Umwege also letztlich der anthropologischen, d.h. kritisch–gewendeten Technokratie–These. – Heute, „da die indirekt über den Tauschprozeß ausgeübte Macht ihrerseits durch [...] staatlich institutionalisierte Herrschaft kontrolliert wird“, könne die Herrschaftslegitimation nicht weiterhin aus einer potentiell „unpolitischen Ordnung“ (als welche Habermas die Produktionsverhältnisse problematischerweise bestimmt) deduziert werden.[204] Die auf ‚Öffentlichkeit' nicht mehr angewiesene „*Lösung technischer Fragen*“ avanciere somit zur primären Daseinsberechtigung der technokratisch–entzauberten politischen Sphäre.[205]

Daß aber nach wie vor „der Stand der Produktivkräfte gerade auch das Potential bezeichnet, an dem gemessen ‚die den Individuen auferlegten Verzichte und Lasten immer unnötiger, irrationaler erscheinen'“[206] – dieses Faktum bringt Habermas nur unzureichend zur Geltung –, würde aus dem technokratisch–entstellten Bewußtsein der „entpolitisierten Massen“ (wie auch ihrer Sachwalter) verdrängt. – Habermas läßt Adornos technikphilosophischem Grundgedanken somit ein Mindestmaß an Plausibilität.

Die ansteigende Produktivität jedoch suggeriere demgegenüber noch den Anschein zunehmender *Legitimität* des bestehenden institutionellen Rahmens (dieser obliege, als ‚Überbau', auch weiterhin der passiven Anpassung; keineswegs übernehme er den baldigen Primat).[207] – Die transzendentale Rahmung der Technik gerät

---

201 Habermas, Jürgen: Technik und Wissenschaft als „Ideologie“. A.a.O. S. 55ff.

202 Ebd. [Zitiert nach: Marcuse, Herbert: „Trieblehre und Freiheit.“ In: Ders.: Freud in der Gegenwart. Frankfurter Beitrag zur Soziologie. Bd. 6. O.O. 1957.]

203 Habermas: Technik und Wissenschaft als „Ideologie“. S. 51/99.

204 Ebd., S. 76.

205 Ebd., S. 77. – Die „technokratisch gerichtete Intention“ von Kultur und Gesellschaft schließlich würde in der Dystopie des *homo fabricatus*, der „letzte[n] Stufe“ der Externalisierung zweckrationalen Handelns im Sinne Gehlens, kulminieren (ebd., S. 82.).

206 Ebd., S. 50ff.

207 Ebd., S. 94.

Habermas somit, ohne diese verklären zu wollen, in der Tat zur *„technisch notwendige[n]* Organisationsform einer rationalen Gesellschaft“[208], und Rationalität verkäme zu deren immanentem „Korrektiv“.[209]

So wenig demgegenüber die (hier ironisch aufgeführte) Beschwörung einer „Natur, die die Augen aufschlägt“ (s.u.), als tragfähige „Alternative zur bestehenden Technik“ bezeichnet werden könnte, so sehr hätte sich der Fokus zu verschieben daher auf eine „alternative Handlungsstruktur“: auf „symbolisch vermittelte Interaktion im Unterschied zum zweckrationalen Handeln“.[210] – Der „Prozeß der Entfaltung von Produktivkräften“ entfaltet „dann und nur dann“ emanzipatorisches Potential, so Habermas schlüssig, substituiert er eigentliche Rationalisierung nicht anderweitig: *„Rationalisierung auf der Ebene des institutionellen Rahmens* kann sich nur im Medium der sprachlich vermittelten Interaktion selber, nämlich durch eine *Entschränkung der Kommunikation* vollziehen.“[211] *Alles andere hätte zum Ergebnis allenfalls eine „Verbesserung des ökonomisch–industriellen Apparats, aber heute nicht mehr eo ipso [...] eine[ ] Veränderung des institutionellen Rahmens mit emanzipatorischen Folgen.“*[212]

---

[208] Habermas, Jürgen: Technik und Wissenschaft als „Ideologie“. A.a.O. S. 51.

[209] Ebd.

[210] Ebd., S. 57. [Hervorhebung von mir.] – Habermas skizziert in diesem Zusammenhang den Hauptgedanken seines späteren Hauptwerks, der *Theorie des kommunikativen Handelns*.

[211] Ebd., S. 98. – Konkrete Ansätze einer derartigen Handlungsstruktur erblickt Habermas etwa im politischen Aktivismus der US–amerikanischen Studenten von 1967 (ebd., S. 101ff.).

[212] Ebd., S. 99. [Hervorhebung von mir.]

II. Ästhetische Technik

II.a) Pejorative Konstellation

Auf der Folie des analytischen ‚Gestells' vorliegender Arbeit repräsentiert die sogenannte *ästhetische Technik* die zweite (bzw. dritte) *ontologische* Konnotation der Technik [2.]. Grundsätzlich bewertet Adorno die Kunst–Technik – nicht lediglich quantitativ kommt dieser besondere Bedeutung[213] zu – dabei positiv, verfällt bisweilen gar in ‚ästhetischen Positivismus', wie sich zeigen wird.

Insbesondere die populären Künste jedoch partizipierten *Adorno zufolge an der pejorativen Konstellation zivilisatorischer Technik* (s.o.): Die Einebnung der Differenz zwischen der genuin–ästhetischen „Organisation der Sache in sich" und der (kultur)industriellen *Reproduktion und Distribution* ginge vornehmlich zu Lasten ersterer – weswegen ‚Technik' in avancierten Kunstwerken letztlich „nur dem Namen nach" dieselbe sei wie in den Erzeugnissen eben der Kulturindustrie (s.u.) (10.1, 340).

Aber auch der überstrapazierte Fokus auf die (ebendeshalb) fetischisierte *genuine ästhetische Technik* könne unter Umständen neuromantische „Revolten gegen Technik" begründen: einen ‚Aufstand' gegen den als solchen bestimmten ästhetischen Formalismus und Traditionalismus (7, 320). Derlei schlechte ‚Technisierung' trete – wiederum politisch – in den Dienst „krude[r] Reaktion", sofern sie, im Zuge übermäßiger Inszenierung, die bis dato ausgebliebene *gesellschaftliche* Vervollkommnung–qua Technik als „schon geleistet" antizipiere (hier verdeutlicht sich bereits der Konnex *ästhetischer* und *zivilisatorisch/rationaler Technik*) (14, 47).

Darüber hinaus spräche einiges für die Annahme Alban Bergs, derzufolge jede neuartige *ästhetische Technik* zunächst mit einer gewissen „Verflachung des Gehalts" einherginge, welche die Gefahr einseitiger Beschränkung auf Fragen technischer Präzision mit sich brächte (18, 492). Auch die avancierte Kunst erwiese sich somit als (mit)konstitutiv (!) für die florierende Massenkultur (wiewohl gerade sie es sei, die der „herrschenden Standardisierung des Bewußtseins" am heftigsten opponierte) (4, 244). – Konkreter wird Adorno hier nicht, brächte doch das Eingeständnis der *Verschränkung* von Hoch– und ‚Unterhaltungs'kultur seine ‚identitätslogische' Systematik ins Wanken (s.u.).

Die primär affirmativ–besetzte *ästhetische Technik*, „gleichsam kümmerliche Ersatzfunktion[ ] für abgestorbene Organe", besitzt für Adorno also ebenfalls ihre Schattenseiten: Kapituliere sie etwa vor der gesellschaftlichen „Übermacht *rationaler* Technologie" – der allgegenwärtigen Zweckrationalität einschließlich der omnipräsenten Realtechnik – und biedere sie sich dieser an (wie die ihm zeitgenössische Malerei), so fiele sie selbst anheim der fortschreitenden Naturbeherrschung, gegen die sie doch „Einspruch" zu erheben hätte (12, 196/16, 626f.[214]). Selbst die von ihm favorisierte Neue Kunst liefe permanent Gefahr, ihre mimetische „Reflexion auf die Seele" in eine Art „Technifizierung der Inwendigkeit" – Verdinglichung – zu überführen; die ästhetische Thematisierung etwa des Un(ter)bewußten „entarte[ ]" so zum *falschen* Bewußtsein, empfänglich für kuriose Zwecke, ersparte sie sich, als

---

[213] Das quantitative Verhältnis der *ästhetischen Technik* zur *zivilisatorisch/rationalen* liegt im Kontext des Adornoschen Gesamtwerks in etwa bei 2 : 1.

[214] [Hervorhebung von mir.]

„mechanische Reproduktion", die „äußerste[ ] Anstrengung des Bewußtseins" (3, 162/4, 244f./10.2, 515f.).

Wiewohl seine Ästhetik letztlich ebenfalls als Kompensationstheorie zu deuten ist, tritt Adorno dem grundlegenden Mißverständnis derartiger Entwürfe a priori entgegen – mit Recht: Es läge nicht in der Hand des Kunstwerks, den Stand gesellschaftlicher Entfremdung ‚aus sich heraus' zu beseitigen – etwa qua revolutionärem *Sujet à la* Brecht (s.u.). – Die allzu offensichtliche Immanenz soziologischer Kategorien im ästhetischen Gebilde neige ohnehin zum handwerklich–"technischen Mangel, zu fehlender Achtung vor dem, wohin das Gefüge von sich aus möchte": Die „gesellschaftliche[ ] Funktion" der Kunst – Erkenntnis – ließe sich um so effektiver bewirken, je intensiver man „den Umkreis ihrer eigenen technischen Fragen erhellend durchmißt; wissend, daß es keine bloß technischen sind [...]" (16, 567/18, 806).

II.a)α Kulturindustrie: „Tradition als Schlamperei" – und Verblendung

‚Mein Gott, wenn Adorno das wüsste...'[215] *(Sighard Neckel)*

Auch aufgrund eines mitunter elitären Distinktionseifers[216] gegenüber der perhorreszierten ‚Massenkunst' fällt die *pejorative Konstellation ästhetischer Technik* bei Adorno vergleichsweise umfangreich aus. Grundsätzlich anerkennt er zwar die enormen Reproduktions– und Distributionsleistungen der (an der *pejorativen Konstellation zivilisatorisch/rationaler Technik partizipierenden*[217]) Kulturindustrie; er insistiert jedoch auf dem ‚minderwertigen' Charakter der *genuinen* ästhetisch/technischen Durchbildung populärkultureller Erzeugnisse.

Obschon beide Typen, *ästhetische* wie *zivilisatorisch/rationale Technik*, von ein und demselben „geschichtliche[n] Prozeß" in Gang gesetzt sind, wie Adorno anmerkt, könne im Falle der Kulturindustrie, deren Bedarf durch Werbung (re)produziert werde, also nicht (mehr) von ‚eigentlicher' *ästhetischer Technik* die Rede sein (s.o.) (19, 555). – Es macht jedoch trotzdem Sinn, die kulturindustrielle Technik – *als ‚Schanier' gewissermaßen zwischen der genuin–ästhetischen und der zivilisatorisch/rationalen Technik* – in diesem, *ästhetischen* Kontext aufzuführen, wird sie doch gemeinhin – dies zu Recht – als ‚Kunst' betrachtet (wenngleich als vermeintliche ‚Unterhaltungs'kunst).

Nicht selten zwar versuche sich die kulturindustrielle Technik an (obsoleten) Motiven der Historie avancierter Kunst; dies jedoch ohne nennenswerten Erfolg. Sie ließe sich demzufolge gleichsetzen mit: „Tradition als [technische] Schlamperei"[218]

---

[215] Neckel, Sighard: „Die Verwilderung der Selbstbehauptung. *Adornos Soziologie: Veralten der Theorie – Erneuerung der Zeitdiagnose.*" In: Dialektik der Freiheit. Frankfurter Adorno–Konferenz 2003. Hg. v. Honneth, Axel. Frankfurt a. M. 2005. S. 199. [Hervorhebung von mir.]

[216] Vom genuinen Kulturkonservativismus unterscheidet sich Adornos bisweilen als solcher zu bezeichnender ‚Kulturdünkel' in der Bejahung der Avantgarden der ästhetischen Moderne.

[217] Es verdeutlicht sich der *analytische Charakter* der im Kontext vorliegender Arbeit vorgeschlagenen Begriffsdeduktion.

[218] [Einschub von mir.] – Dennoch sollte erneut der Anschein vermieden werden, die „kritische Einsicht in den Charakter der Kulturindustrie" impliziere eine „romantische Glorifizierung der Vergangenheit" (einschließlich der mit dieser verknüpften „alte[n] individualistische[n] Produktionsweise");

(N 1.2, 320). – Wie Adorno nicht müde wird, zu betonen, rühre die Unvereinbarkeit *derlei ästhetischer Technik* mit derjenigen avancierter Produktionen aber nicht von der Technik als solcher her; (auch) der kulturindustriell–konservierte Anspruch von ‚Individuation und Aura' wäre, eben „unterm Diktat jener sinnwidrig fortbestehenden Verhältnisse", nicht einzulösen (10.1, 117).

Die im Begriff der Kulturindustrie verklausulierte ‚Industrie' wäre dennoch nicht wörtlich zu nehmen: Sie impliziere metaphorisch *lediglich den Aspekt der „Standardisierung der Sache" (etwa im* Western*) sowie die „Rationalisierung der Verbreitungstechniken"* – weniger die spontane Assoziation einer wirklich gegebenen maschinellen ‚Fließband'produktion. – Der kulturindustrielle *Produktions*prozeß ließe sich demgegenüber gar als relativ heterogen klassifizieren: Während „individuelle Produktionsformen" zum Teil durchaus bewahrt würden, tendiere vor allem der *Film* (s.u.) in der Tat zur Approximation an realtechnische Verfahrensweisen: etwa in der „weitgetriebene[n] Arbeitsteilung", der konkreten „Einbeziehung von Maschinen" und der (marxisch konstatierten) Separierung der Werktätigen „von den Produktionsmitteln" (10.1, 339[219]).

Getreu der (theoretischen) Dynamik von Basis und Überbau hätte die Kulturindustrie, analog zum Paradigmenwechsel „von der Manufaktur zum industriellen Betrieb", die „Logik des [Kunst–]Werks"[220] und diejenige des gesellschaftlich–ökonomischen Systems also eingeebnet (3, 142/19, 525). Die Kulturindustrie fungiere als Indikator somit auch dafür, wie sehr die industrielle Arbeit zur Chiffre[221] der facettenreichen modernen Gesellschaften avanciert ist (in [Re–]Produktion, Distribution, Administration und Kultur). Sie habe sich entwickelt unter der quantitativ ausgerichteten Ägide „des Effekts", des als „handgreifliche[ ] Leistung" deklarierten „technischen Details".

Diese primär allegorisch zu deutende „radikale Industrialisierung von Kunst" ginge vorwiegend auf Kosten ihrer verbliebenen *eigentlichen ästhetischen Technik* – weswegen sich das Interesse der Konsumenten zwangsläufig weniger auf den Gehalt, sondern verstärkt auf die fetischisierte *zivilisatorische Technik* reduziere (3, 146/7, 322). Ebendiese „zunehmende Relevanz der Technologie in den Kunstwerken" aber dürfe – auch und gerade im avancierten Kontext – keinesfalls kulminieren in der offenen Inthronisierung desjenigen Vernunft–Typus, welcher „die Technologie hervorbrachte und in ihr sich fortsetzt": der genuinen *rationalen Technik* (7, 393f.). – Auch das „ästhetisch nicht Konformierende" also gerate zusehends in den Sog jener industriellen Einhegung der Kulturgüter; anderweitig dann hingegen heißt es hyperbolisch, der „ehrwürdige Begriff der künstlerischen Produktion"[222] existiere

---

wie seine Apologie der Neuen Kunst (s.u.) verdeutlicht, kennt der Hegelianer Adorno auch im ästhetischen Kontext keine *retour à la natur* (14, 431).

219 [Hervorhebung von mir]

220 [Einschub von mir.]

221 Heute hingegen, im Kontext zumindest des okzidentalen ‚Post–Fordismus', scheint diese These insofern nicht mehr an der Zeit, als daß – neben der Fokussierung auf die *kybernetischen* Maschinen – gerade die sogenannten *softskills* es sind, die, wenngleich entstellt, von der kulturellen Sphäre auf diejenige der Akkumulation paradigmatisch abgezogen werden.

222 Werner Steinecke habe ebenjenem Begriff für den Bereich der Musik immerhin die „Würde" gerettet (10.1, 352).

bereits nicht mehr: „erniedrigt durch Angleichung an industrielle Verfahren im Zeichen des Profits" (10.1, 352/12, 15).

– Es wäre also zu rekapitulieren, daß sich die kulturindustrielle Technik zumeist an obsolete Topoi der ‚ernsten' Kunst hielte – dies jedoch, ohne diesen handwerklich genügen zu können. Lediglich der Aspekt *qualitativer Standardisierung* sowie die *avancierten Verfahren der Reproduktion und Distribution* bescheinigten ihr technische Kompetenz.

Die spektakuläre Technik hat die religiösen Wolken nicht aufgelöst, in die die Menschen ihre von ihnen losgerissenen, eigenen Kräfte gesetzt hatten: sie hat sie nur mit einer weltlichen Grundlage verbunden.[223] *(Guy Debord)*

Die der Technik der Psychoanalyse (s.o.) anverwandte ‚Psychotechnik' der Kulturindustrie dann verkläre, damit einhergehend – *in ihrer gesellschaftlichen Strahlkraft* –, jene die *zivilisatorische Technik* partiell instrumentalisierende ‚Macht'. Der ‚gesellschaftliche Bann' reproduziere sich wirksamer in der technisch–evozierten „Allgegenwart des Stereotypen" als in „abgestandenen Ideologien" (3, 158). Im Gegensatz zur Individuierung zumindest eines Teils der Bevölkerung in der Phase des Liberalismus (s.o.) wäre für das reibungslose Funktionieren der gesellschaftlichen Apparatur heute die kulturindustriell in die Wege geleitete „unbehinderte Direktion von Massen" unerläßlich (3, 229).[224]

Der idealtypische Konsument kulturindustrieller Güter entspräche dabei in etwa dem „außengeleiteten Charakter", wie ihn David Riesman skizziert. Ebenjene Charakterstruktur wäre gekennzeichnet vor allem durch ihre konstitutive Heteronomie, hervorgerufen erst von den fehlgeleiteten Massenmedien (N 4.13, 257). Besagte technische Manipulation aber wäre nicht vorzustellen als „einseitige[r] Octroi" – der *Status quo* würde lediglich anerkannt *und damit reproduziert* (19, 545). – Ebendiese ‚universelle Standardisierung', als „Produkt von Technik und Monopol" (s.o.), manifestiere sich prototypisch in den USA – der Speerspitze der kapitalistischen Produktionsweise, wie Adorno sie im Exil vor Augen hat; in der spezifischen ‚Barbarei' der Kulturindustrie sieht er – nicht ohne Hybris – am Werke eine ‚dritte Vorhölle' (10.1, 304).

Die vollstreckten „dirigistischen Methoden" hätten zur Bedingung dabei die ökonomisch/technologische Konzentration: die Befähigung, „von wenigen Punkten aus das Bewußtsein Ungezählter allein schon durch Auswahl und Präsentation von Nachricht und Kommentar gleichzuschalten." (S.o./8, 367) Die positivistische Forderung, den ‚nun einmal gegebenen' Massengeschmack zu respektieren, wäre daher die wahre „Usurpation" – nicht aber der gerade auch von Adorno selbst vollzogene ästhetische Paternalismus (4, 234).

---

[223] Debord, Guy: Die Gesellschaft des Spektakels. Luzern 1994. S. 4f. [Hervorhebung von mir.] – Sozusagen als *upgrades* des kulturindustriell generierten Verblendungszusammenhanges können nacheinander gelten Guy Debords *Gesellschaft des Spektakels* sowie Jean Baudrillards Theorem der ‚Hyperrealität' (s.o.) (vgl. etwa Horacek, Martin: „Die beschleunigte Zirkulation der Zeichen in Jean Baudrillards Simulationsgesellschaft." In: Soziologische Gegenwartsdiagnosen. Hg. v. Schimank, Uwe. Opladen 2000. S. 143ff.).

[224] „[D]as Konstruktive" sowie „die Einheit der bewußt tradierten Technik" in der Geschichte selbst der ‚gehobenen' Kunst impliziere ein Mindestmaß sowohl an „Gleichschaltung der Beherrschten" als auch an „Unterdrückung und Steigerung der Produktivkraft" (10.1, 224).

Den Mitteln der technischen Reproduktion jedenfalls gesteht Adorno immerhin zu, sie hätten ‚die Massen' mit der Kunst überhaupt erst in Berührung gebracht. – Die „Teilnahme der Millionen" lasse spezifische Verfahren der Reproduktion jedoch notwendig erscheinen, welche zirkuläre Standardisierungseffekte dann zur Folge hätten. In Anbetracht der gegenwärtigen Einrichtung der Welt erweckt das ‚gesteigerte ästhetische Bedürfnis' in ihm daher primär Bedenken: Die mechanische Reproduktion, als „der Kunst Auswendiges", – diese Annahme ist anzuzweifeln – tauge ohnehin nicht zu deren neuerlicher Legitimationsgrundlage[225] (3, 142/7, 34).

Auch mit Blick auf das etwaige Faktum der Manipulation erwiese sich die Populärkultur daher als unvereinbar mit der eigens verfochtenen ‚Sachlichkeit' (s.u.); sie transportiere Gehalte, welche einer derartigen Präsentation widerstrebten – während sie, qua deskriptiver Methodik, ihr ‚Einverstandensein' a priori zu verstehen gebe: Die Relation Sachlichkeit/Sache nämlich werde vielmehr ‚unsachlich', d.h. von den heteronomen Imperativen der Ökonomie, determiniert. – Wenn Adorno jedoch kolportiert, die technische Vermittlung jener profanen ästhetischen Elaborate erfolge zumeist unter naiver Beschränkung auf das jeweilige *Sujet* – auf das „Puddingpulver durch den abgebildeten Pudding" – so wird die zuvor noch konstatierte, fetischistische Fokussierung auf die formal–technische *Aufbereitung* der kulturindustriellen Güter argumentativ abgeschwächt (3, 166).

Die permanente technische Revolutionierung ihrer ‚Industriestandards' jedenfalls verursache immer wieder Krisen, die keineswegs notwendig Verbesserungen mit sich brächten; die „Fehlinvestitionen der Kulturindustrie" wären enorm (10.1, 340). Die „industrielle Rationalisierung" entpuppe sich (somit) ästhetisch als was sie zweckrational unlängst sei: ihr „eigener Feind"; der „Warencharakter der Kunst" zerfiele letztlich im Zuge seiner eigenen Realisierung (3, 180/15, 63).[226] – Wider Erwarten käme derlei vulgär–ästhetischen Gebilden, welche ‚die eigene *ästhetische Technik* nicht beherrschen', – als dem „Vorgekaute[n]" widerstrebend – daher sogar subversive Qualität zu (als ‚Sand im Getriebe der Maschinerie', s.o.) (10.1, 353).

An seiner ethisch/moralischen Einschätzung der Kulturindustrie läßt Adorno daher keinen Zweifel: Die „Vollausnutzung von Kapazitäten für ästhetischen Massenkonsum" kennzeichne ein System, welches diese Ausnutzung verwehre, sobald die technisch mögliche „Abschaffung des Hungers" auch nur angedacht würde (s.o.) (3, 161). Die Kulturindustrie firmiere als Signatur menschlicher (Selbst–)Entfremdung; die „Allgegenwart der Waren", sie fungiere lediglich als (schlechter) technischer *Schein* der Nähe. – Die „großen Kunstwerke und philosophischen Konstruktionen" von anno dazumal hingegen verblieben weiter hermetisch – eben *aufgrund* ihrer Nähe zum „Kern der menschlicher Erfahrung" (4, 167).

1. Zur Inkonsistenz

Besticht Adornos dialektische Reflexion zumeist durch ihren an (scheinbaren) Gegensätzen ‚entlang prozessierenden' Charakter – diese Vorgehensweise soll ein Höchstmaß argumentativer Ausgewogenheit garantieren –, so neigt sie im Kontext

---

[225] Vgl. unteren Epilog zu *Walter Benjamins divergenter Reproduktionstheorie* (S. 91ff.).

[226] Vgl. etwa die gegenwärtige Krise der Musikindustrie im Gefolge der *eigens propagierten* Digitalisierung der Tonträger (s.o.). (Jene hat deren illegale Reproduktion bekanntlich enorm erleichtert.)

jener kunstsoziologischen Überlegungen mitunter zur krud–simplifizierenden Phraseologie vulgärmarxistischer Provenienz.[227] Das Manipulationstheorem *als Paradigma* ist anzuzweifeln: *Natürlich* handelt es sich beim Gros der kulturindustriellen Derivate um interessengesteuerte ‚Fabrikate', insbesondere seit der Pandemie des Privatfernsehens in den 1980er–Jahren – aber eben nicht *ausschließlich*.

– Jenem *selektiven Mangel* an Polyvalenz jedoch – die identitätslogische Scheidung von Sub– und Hochkultur ist, zumal in den 1960er–Jahren (s.u.), kaum mehr aufrechtzuerhalten (Stichwort: Pop–Art) – gesellt sich, wider Erwarten, der in der Sekundärliteratur kaum verzeichnete Hang zur nostalgischen *Verklärung* (!) der (technischen Rudimente der) Populärkultur – etwa, wenn er sich Alban Bergs *Lulu* begrifflich zu nähern trachtet: „Das Werk kennt Klänge wie kunstvolle Orchestrationen jener mechanischen Orgeln, traumhaft vergrößerten Leierkästen, die einmal in den Karussells mit metallenem Lärm rauschten [...]." (13, 482)

Darüber hinaus verkörpert dem Hegelianer die *Drehorgel* noch die Dimension der Zeit – wie sie den späteren „mechanischen Instrumenten", mit ihrer der „trostlosen Ewigkeit des Uhrwerks" kommensurablen Funktionsweise, abhanden gekommen sei. „Schlüssel zum eigentlichen Verständnis" auch der *Schallplatte* (s.u.) wäre die Zurkenntnisnahme ebenjener „technischen Akte", „die einmal die Walzen der mechanischen Spielwerke und Orgeln in die phonographischen verwandelten." (19, 114/532) – Adorno also scheint die ihm *zeitgenössische* Popkultur zu verdammen, ‚in Regie' genommen buchstäblich vom ‚Spätkapitalismus', nicht jedoch diese selbst.

Da der musikalischen Reproduktion insbesondere im Falle der Werke Chopins immer auch dem „Dompteur" Entsprechendes zukäme, bestünde überdies eine gewisse Analogie zum „Zirkus– und Zigeunerwesen" – wodurch auch diese (sub–)kulturelle Sphäre eine Aufwertung erfährt (N 1.2, 152). Schließlich die dialektische Feststellung, daß „[a]uf dem obersten Formniveau [...] sich der verachtete Zirkusakt [wiederholt]", scheint jene Annahme zu verifizieren; die Paradoxie des Zirkus: „wozu all die Anstrengung", antizipiere bereits den „ästhetische[n] Rätselcharakter" (7, 277).

Letztlich gewinnt er selbst dem verfemten *Jazz* (s.u.), ihm Chiffre der gegenwärtigen ‚Volksmusik', Positives ab: So habe er jener „Idiotie der von der Operette nach [...] Strauß abgeleiteten leichten Musik" „technische Fertigkeit", d.h. neben „Geistesgegenwart" insbesondere auch „klangliches und rhythmisches Differenzierungsvermögen", implementiert. Das „Klima des Jazz" hätte außerdem „die teenagers" vom „sentimentalen Muff der Gebrauchsmusik ihrer Eltern" entbunden (14, 212ff.).[228]

---

[227] Die Demarkationslinie zum genuinen Vulgärmarxismus freilich überschreitet Adorno *nicht*: als daß die Existenzberechtigung der ästhetisch/kulturellen Sphäre zu keinem Zeitpunkt zur Debatte steht.

[228] Daß Adorno zudem selbst darauf verweist, der *Jazz* wäre historisch der „Volksmusik der amerikanischen Neger (Spirituals, Blues)" entwachsen und daher *de facto* als ‚Sklavenmusik' anzusehen, läßt zumindest die Frage aufkommen, warum ein nicht selten dem Neomarxismus zugerechneter Denker, der sich überdies als Musiktheoretiker versteht, dieser kunstsoziologisch relevanten Tatsache kaum Rechnung trägt (18, 71). An anderer Stelle erklärt er sich dahingehend dürftig, er wolle nicht jene Stereotypen bedienen, welche ‚die Farbigen' auf die ihnen angestammte Rolle als (Allein–)Unterhalter reduzieren (bezüglich dieser Fragestellung vgl. auch Werner Notters Dissertation: Die Ästhetik der Kriti-

Auch der in der DdA zu findende Verweis auf die *Zeichentrickfilme*[229], wie sie vormals noch „Exponenten der Phantasie gegen den Rationalismus“ repräsentiert hätten, unterstreicht obige Annahme einer keineswegs seit jeher bestehenden Ablehnung populärkultureller Verfahrensweisen: „Sie ließen den durch ihre Technik elektrisierten Tieren und Dingen zugleich Gerechtigkeit widerfahren, indem sie den Verstümmelten ein zweites Leben liehen“ – gegenwärtig hingegen vollstreckten sie lediglich noch den „Sieg der technologischen Vernunft über die Wahrheit“ (3, 160).

– Adornos partiellem Mangel an Polyvalenz also gesellt sich – dieses bemerkenswerte Faktum ist zu bilanzieren – jene bis auf Ausnahmen kaum verzeichnete Neigung zur nostalgischen Verklärung kulturindustrieller Rudimente; abermals verdeutlicht sich der problematische Charakter seiner Kritik der ‚Massenkunst‘, und zwar auf unerwartete Weise.

2. Film

Wiewohl Adorno der Musik bekanntermaßen besondere Aufmerksamkeit widmet, repräsentiert für ihn der *Film* bzw. die mit diesem verschränkte technische Verfahrensweise *das* repräsentative Genre der Kulturindustrie. Und gerade *weil* ihm der Film, als „technische[s] Medium par excellence“, das „entscheidende[ ] Medium der zeitgenössischen Kulturindustrie“[230] darstellt, verkörpere er *pars pro toto* die Unzulänglichkeit der kulturindustriell–beschränkten *ästhetischen Technik* (10.1, 355/12, 196).

Die „Erfindung der Kinematographie“ begreift Adorno dabei keineswegs als „Zufall der technologischen Entwicklung“: Als deren *Movens* vermutet er kollektiv–verbindliche (archaische) Regungen (18, 610). – So befallen ihn denn auch keinerlei Zweifel, wenn er den Tonfilm nichtsdestoweniger in Verbindung bringt mit zerstreuung–spendender ‚Gebrauchskunst‘, vergleichbar „Kitschdrucke[n]“ und „Tanzschlager[n]“ – allesamt, auch der Film, so die aporetische Einschätzung, befänden sich formal auf „längst überholtem technischem Niveau“ (18, 828f.).

Die relativ späte Entstehung des Films allerdings erschwere es nun zunächst, eine Differenzierung beider ihm zukommenden Technikbegriffe vorzunehmen: Einerseits wäre das Fließbandprodukt „die Sache selbst“ des Films – ähnlich wie für Benjamin existiert für Adorno kein eigentliches Original eines jeweiligen Films –; andererseits ermögliche das filmische Verfahren, trotz „Askese gegen Aura und subjektive Intention“, vom Skript ermöglichten Sinn (10.1, 355/452). – Der Begriff der

---

schen Theorie. Frankfurt a. M. 1985). – Daß hingegen sympathisierend die einstige „Gewalt des Gassenhauers“ beschworen wird, wie sie zur Zeit des frühen Bürgertums noch das „Bildungsprivileg der herrschenden Schicht“ „attackiert“ hätte, legt zudem nahe, Adorno bediene einen für Anhänger Max Webers naheliegenden Eurozentrismus (14, 19).

[229] Auch „Horkheimer betont in seinen Briefen mehrfach, daß er ein leidenschaftlicher Comic–Leser sei (vgl. Horkheimer an Maier, 4.10.1956, in: HGS 18, S. 361).“ (Demirović, Alex: Der nonkonformistische Intellektuelle. A.a.O. S. 460.)

[230] An anderer Stelle wiederum bezeichnet Adorno die *Musik* in Form des *Jazz* als repräsentatives Medium der Kulturindustrie – insofern auch an ihm ohne technische Beschlagenheit die spezifisch–kulturindustriellen „Mechanismen“ nicht ohne weiteres aufgezeigt werden könnten (s.u.). Der hermetische Charakter auch des *Jazz*, so eine naheliegende Lesart, wäre kommensurabel den Wesenszügen schlecht–autopoietischer Systeme wie der Ideologie oder der Neurose (10.1, 129).

Technik, im Bereich der (filmischen) Kulturindustrie impliziere er also einen „Doppelsinn“: *Er repräsentiere 1. „industrielle technische Verfahren zur Herstellung von Waren“ (hier: optisch/akustische Synthese „auf de[m]selben Streifen“); 2. die aus dem Bereich der ‚genuinen' Kunst extrapolierte adäquate Darstellung „künstleri-sche[r] Intention[en]“ (15, 28[231]).*

Allzu ernsthafte Bemühungen um eine explizite „Ästhetik des Films“ aber – Adorno macht es sich hier zu einfach – wirkten „leicht schief“: weil die Physiognomie des Films, „abgesehen von der Rücksicht auf den Markt“, eben eindeutig *weniger* in der „künstlerischen Konzeption“ (2.) gründe als im „Stand der optischen und der akustischen Technik“ (1.) (15, 64f.). Die Entdeckung, „Bild und Klang auf denselben Streifen auf[zu]nehmen“, wäre kommensurabel derjenigen der „pneumatischen Bremse“, wie es abfällig heißt (15, 28).

In der Filmindustrie also blieben sich „Geist und Technik“ letztlich fremd – auch hier jedoch divergierten ‚industrielle' (1.) und ästhetisch–handwerkliche Aspekte (2.) *aufgrund ökonomisch/administrativer Fremdeinwirkung* (15, 130). Der in der Tat gegebene „industrielle Charakter“ der Filmproduktion (s.o.) aber verunmögliche es, diese ökonomische (Kehr–)Seite des Films eben von seiner technischen mehr denn lediglich analytisch zu differenzieren (15, 87).

Dabei korrelierte auch die Synthese der technischen Momente des Films – „Bild, Wort und Ton, Manuskript, schauspielerische Darstellung und Fotografie“ – der „Amalgamierung“ herabgesunkener Kulturgüter: des „Wagnerschen Gesamtkunstwerk[s]“, des „Reinhardtschen neuromantischen Ausstellungstheater[s]“ sowie der „Lisztschen und Straussschen symphonischen Dichtungen“. Systematisch fänden diese Einlaß in den Film dann mit der „Addition von Drama, psychologischem Roman, Kolportage, Operette, Symphoniekonzert“ und „Revue“ (15, 12). – Das ‚Gesamtkunstwerk'–Film wäre somit einzustufen als vulgär–ästhetisches Äquivalent der holistischen sinnlichen Konditionierung der Gegenwart (s.o.).

Die vergleichsweise geringfügige „Dichte der Abbildlichkeit“, wie sie einen weiteren Ahnen des Films, die naturalistische Literatur, kennzeichne – diese habe hermeneutischen Spielraum noch zugelassen –, werde verdrängt von einer lückenlos reproduzierten Wirklichkeit, welche die „technische Apparatur des Films“ bereitstelle (4, 161). Dialektische Konsequenz dieses Vorgangs wäre, daß jedweder Gehalt, auch ‚Wahrheit', zur Lüge verkomme – eben aufgrund der technisch–exakten, ‚bestätigenden' Reproduktion des gesellschaftlichen Verblendungszusammenhanges –, obschon der „technische Charakter des Films“ das Ideal „radikale[r] Sachlichkeit“ propagiere (15, 78f.). Auch deshalb zeige sich der ‚realitätsgerechte' Film „tief verwandt“ seinem (scheinbaren) Pendant des Naturschönen (s.u.) (10.1, 355).

Die Invektiven gegenüber dem verpönten Medium Film aber gipfeln schließlich darin – Adorno erweist sich in dieser Hinsicht gewissermaßen als obsolet –, daß ihm der Status des Kunstwerks aberkannt wird: Der Film wäre zu deuten weniger als „Kunstform eigener Art“, sondern lediglich als das „charakteristischste Medium“ der Kulturindustrie, ermöglicht erst durch die dominanten „Techniken der mechanischen Reproduktion“ (15, 11). Wie schon die in der DdA aufgezeigte Verschränkung von Mythos und Aufklärung auf diesen zurückdatiert, so scheint auch jene re-

[231] [Hervorhebung von mir.]

duktionistische Einschätzung des Films geschuldet dabei Siegfried Kracauer; dieser bereits hätte den Film „als Ideologie“ enttarnt (11, 397).

– Der Technik–Begriff im Kontext der Äußerungen Adornos eben zum Film, dies wäre in Erinnerung zu rufen mit Blick auf den weiteren Verlauf, er steht also in erster Linie für jene ‚industriellen technischen Verfahren zur Herstellung von Waren’ sowie – untergeordnet – für die aus dem Bereich der ‚eigentlichen’ Kunst übernommene, angemessene Darstellung ‚künstlerischer Intentionen’. Ersterem Typus: ‚Bild, Wort und Ton, Manuskript, schauspielerischer Darstellung und Fotografie’, korrelierte demgegenüber, eben wie skizziert, jene (obsolete) Synthese des ‚Wagnerschen Gesamtkunstwerks’, des ‚Reinhardtschen neuromantischen Ausstellungstheaters’ sowie der ‚Lisztschen und Straussschen symphonischen Dichtungen’ bzw. die eigenwillige Synthese ‚von Drama, psychologischem Roman, Kolportage, Operette, Symphoniekonzert’ und ‚Revue’.

2.1. Der „veränderte“ Film

An anderer Stelle jedoch, im Band zur *Komposition für den Film*, relativiert Adorno wider Erwarten seine radikale Ablehnung des Films und spricht von einem möglichen „veränderte[n] Film“. Wenngleich beiderlei Kunstgattungen formal zu kapitulieren hätten vor der „technische[n] Versuchsanordnung“ des Films, liege ebendiese Idee seiner Erneuerung antizipiert bereits in *Malerei* und *Lyrik* (konkreter wird Adorno hier kaum) (12, 109; 15, 127/135). Und wenn er anderweitig von einem zunächst „sinnvoll intendierten“ Film spricht (welcher daraufhin freilich notwendig mißlinge), so erweist sich der Film als solcher bei ihm abermals nicht per se als pejorativ besetzt; jetzt bereits schienen im ‚vollkommensten’ Film die technischen Möglichkeiten der Zukunft auf (19, 564). Dieselbe, oben skizzierte Entwicklungslogik der Realtechnik allerdings, deren ‚Evolution’, wie sie dem Film zusehends neue Horizonte erschließe, binde ihn zur Zeit noch um so stärker ans „big business“ (15, 12).

Vor allem aber hätte der Film anzuschließen an neue musikalische Techniken: Bestenfalls avanciere die *Musik*, als „Antithese zum Bild“, zur „‚Motivationsquelle’ des fotografierten Vorgangs“. Demgegenüber aber noch werde sie gegenwärtig dazu „mißbraucht“, zu evozieren den technologischen Anschein von Unmittelbarkeit (s.o.) (15, 131). Mit Blick auf jenen ‚veränderten Film’ wäre zu konstatieren, daß seriöse Komponisten „aus anderen als materiellen Gründen“ in der Regel *nicht* zum Film kämen; denn dort würden sie keineswegs, wie bereits möglich, zu „Nutznießer[n] utopischer technischer Möglichkeiten“, sondern verblieben „kontrollierte[ ] und leicht kündbare[ ] Angestellte[ ]“ (15, 59). Von derlei „Filmkomponisten“, wie es heißt, könne „lyrisch–poetische Inspiration“, die der „schmückenden […] Funktion“ des Films, dem *affirmativen Charakter der Kultur(industrie)*, widerstrebte, nicht umstandslos erwartet werden (15, 17f.).

Als ebenso wichtig wie die *malerische*, *lyrische* und *musikalische* Reform des Films aber erscheint Adorno die handfeste Umsetzung des bereits erreichten „Standard[s] der Technik“: Die Kinotheater bedürften neuer Wiedergabeapparaturen! appelliert er inständig – wiewohl die Kulturindustrie gegenwärtig ja noch darauf bedacht sei, *gerade vermittels dieser* den technischen ‚Schleier der Maja’ immer dichter zu weben (15, 105). – Hier ,sprengt' Adorno seine dialektische Methodologie: Er wird inkonsequent.

– In Erinnerung zu rufen jedoch ist vor allem, daß, obgleich sie als solche seiner ,technischen Versuchsanordnung' unterlegen seien, die legitime Erneuerung des Mediums–Film der *Malerei*, der *Lyrik* und vor allem: der *Musik* aufgebürdet wird – als ,inspirierende Antithese' der optischen Sphäre.

2.2. Fernsehen

Im ,privatisierten Film' des *Fernsehens* dann vermag Adorno zu erkennen *keinerlei* Annäherung an das kunst–technische Leitbild eines ,veränderten Films': Im negativsten Sinne wäre es einzustufen als „Synthese von Radio und Film".[232] Die ökonomische Heteronomie des Films würde von derjenigen des Fernsehens sogar noch *übersteigen*. Darin zu suchen wäre einer der Hauptgründe, weswegen das Fernsehen, so die gewohnt–zynische Wertung medialer Erneuerung, „die Verarmung der ästhetischen Materialien […] radikal zu steigern verspricht". Die voranschreitende Demaskierung der „getarnte[n] Identität aller industriellen Kulturprodukte", welche Adorno im Stile eines Kulturwächters deutsch–ästhetizistischer Provenienz heraufziehen sieht, markiere die „hohnlachende Erfüllung des Wagnerschen Traums vom Gesamtkunstwerk" (3, 145).

Eine Erklärung aber dafür, warum nicht auch das Fernsehen zumindest konstitutiver Bestandteil eines ,veränderten Films' sein könnte, bleibt Adorno indes schuldig. Dies erstaunt insofern, als daß er zuvor ja noch konstatierte, *Musik*, *Malerei* und *Lyrik* käme *de facto* zu die Aufgabe eben der Erneuerung des Films (s.o.): Diese Versuchsanordnung korrespondierte ja nicht minder einem zeitgenössischen ,Gesamtkunstwerk'. – Vielmehr spricht er von der technologischen ,Brüchigkeit' des Gesamtkunstwerks–Fernsehen; er verweist auf den „disparat[en]" Zusammenhalt von „Bild, Wort und Ton", welcher der (auch) „innerästhetisch sich durchsetzende[n] Dissoziationstendenz" entspräche (12, 196).[233]

2.3. Filmmusik

Wie angedeutet erhofft sich der Musiktheoretiker Adorno insbesondere von der Filmmusik entscheidende Impulse für die Erneuerung des ästhetisch–technischen Mediums Film. – Bemessen an den (musikalischen) ,Industriestandards' allerdings hätte die *gegenwärtige* Filmmusik als ,rückständig' zu gelten.

Die Mängel der bereits existierenden Filmmusik lägen begründet zum einen in ihrer *technischen* Unzulänglichkeit – diese manifestiere sich, trotz scheinbarer „Verliebtheit in Erfindungen", in Rückständigkeit eben der „Verfahren" und „Apparaturen", kurz: in allen „barbarische[n] Restbestände[n] der Frühzeit", welche „dem Geist technischen Fortschritts" zuwiderliefen. Zum anderen speisten sich die gegenwärtigen filmmusikalischen Mängel eben aus „*gesellschaftlichen* und *ökonomi-*

---

[232] Während der Entstehungsphase der DdA weckt der Film noch immer die Assoziationskette: visuell/*öffentlich*, das Radio hingegen: akustisch/*privat*.

[233] Diese wird abermals angelastet wiederum dem agonalen Charakter der bestehenden Gesellschaft (s.o.).

schen Fehlerquellen"[234]: – Diese Fehlerquellen freilich, als transzendentale „Rücksicht auf den Markt" „Infantile[r]", als „unbewußte[r] Wille zu[r] Konformität", motivierten, als ‚Basis', wiederum erst die technologischen. Insgesamt werde der Konsument auch hier wieder abgespeist mit dem Surrogat quasi–mythischer *repetitio*. „Musik im Film" hätte sich dem Stand der Technik somit nicht lediglich *re*produktiv anzugleichen: Die Vernunftehe, wie sie die „modernsten elektro–technischen Verfahren" – diejenigen eben des Films – mit dem klanglich „unbeholfensten Abhub der Romantik" gegenwärtig noch eingingen, hätte bizarre Ausmaße angenommen (15, 129/133).

Die massenmedial „angefachte" Begierde hingegen nach der „Fernsehoper", gegen diese ist Adorno „allergisch", könne, mit Blick auf jenes Desiderat, keineswegs Abhilfe schaffen. Hier werde vielmehr bedient das Verlangen nach technisch–generiertem „Zauber". Dieser schlechte Schein aber opponierte dennoch der implizit–avantgardistischen Programmatik eines dezidiert „technischen Medium[s]" wie des Films (19, 511f.).

3. Die „musikalische Unterwelt"

Auch über die kulturindustrielle *Musik* als solche dann fällt Adorno ein rigoroses Verdikt: Mit Blick auf die Populärmusik seiner Zeit spricht er von einer subalternen „musikalischen Unterwelt". – Der Begriff musikalisch–kulturindustrieller Technik verkompliziere sich dabei in Analogie zu derjenigen des Film: Die Konvergenz der adäquaten Umsetzung ästhetischer Ideen, hier: der *Kompositions*techniken, mit den sie *dominierenden* Techniken „massenhafter Verbreitung" befördere, so der polemische Befund, „Tonmeister und Elektriker" zu Komponisten (16, 238/18, 791/19, 555).

Im Hinblick auf die ‚Vulgärmusik' ist er daher der Meinung, eine genuine „technologische[ ] Analyse" (wie anzuwenden im Falle der sogenannten Kunstmusik, s.u.) fördere kaum Brauchbares zu Tage: Mit „autonome[r] Technologie", mit *ästhetischer Technik*, welche diesen Namen auch verdiene, könne sie kaum aufwarten; wie angedeutet korrespondiert ihre spezifische Technik vielmehr entfremdeten Reproduktions– und Distributionstechniken (s.o.) (18, 769). Eben wie im Bereich des Films hintertriebe die „apokryphe" Physiognomie „leichte[r] Musik" zwar zunächst deren „Erforschung"; eben aufgrund des Fehlens einer „autonome[n] Dialektik der Produktion" aber hätte sich deren Demaskierung eines konzisen „technologischen Aufweis[es] ihrer immanenten Widersprüche" letztlich gar nicht erst zu bedienen. Deckungsgleich mit dem „gesellschaftlichen Diktat" hielte sie der technischen Analyse letztlich weitaus weiniger Komplexion entgegen, als das „gebildete Musikleben" es täte (8, 770). – An anderer Stelle allerdings rekurriert Adorno verbal dann doch auf einen „technologische[n] Tatbestand" der Populärmusik: auf denjenigen der (ökonomisch–heteronomen) „Funktion", auf den konstitutiven Fremdbezug der „Tanzmusik" (s.o.).

Als fruchtbares Substitut einer genuinen technischen Analyse erwiese sich vielmehr der durch Freud inspirierte Nachweis der „wenigen, regressiv festgehalte-

[234] [Hervorhebung von mir.]

nen und offenbar archaisch–symbolischen *Typen*", welche diese Musik variiere: Ein „Schema der *Depravation*" wäre zu entwerfen, dem entnommen werden könnte wiederum Art und Weise, wie sich ‚Geschichte' in derlei Musik niederschlüge – um dem „archaischen Triebmechanismus" einverleibt (und entschärft) zu werden (17, 76/18, 769).[235] – Quantitativ wie qualitativ aber verbleibt dieser angedachte (Alternativ–)Entwurf gewissermaßen einer ‚symbolisch/technischen Analyse' äußerst dürftig.

Mit Blick auf ihre konkrete Funktionsweise hingegen könne die *„production of popular music*" als vergleichsweise heterogen klassifiziert werden: Obschon *„highly centralized in its economic organization*", bestimme *de facto* nämlich immer noch relativer Individualismus (!) ihren *„social mode of production*": *„The division of labor among the composer, harmonizer and arranger is not industrial but rather pretends industrialization, in order to look more up–to–date, whereas it has actually adapted industrial methods for the technique of its promotion"* (N 1.3, 419[236]). – Diesem freilich auf die Distributionsinstanz nicht mehr zu applizierenden ‚Individualismus' der Produktionsebene stünde gegenüber dann ein als solcher zu bezeichnender Pseudo–Individualismus der Konsumtionsseite. Dessen (falsche) Legitimationsgrundlage fuße auf den *konstruierten* Unterschieden der ‚Musikprodukte':

> *There is a another type of individualization claimed in terms of the kind of light popular music and differences in name bands. [...] This labeling technique, as regards the type of music and band, is pseudo–individualization, but of a sociological kind outside the realm of strict musical technology, it provides trade–marks of identification for differentiating between the actually undifferentiated.* (N 1.3, 423f.[237])

Insofern jenem (relativen) Individualismus der *Produktions*ebene nichtsdestotrotz ein struktureller Mangel innewohne – "*neither inspiration nor personality are terms congruous with the technical requirements of light popular music today*" –, wäre er jedoch auf (sozial–)psychologisch geschulte Distributions– und *labeling*–Techniken konstitutiv angewiesen: *"they need plugging as much as plugging needs them"* (N 1.3, 436[238]).

Auch mit Blick auf den „Schlager" relativiert Adorno (zynisch) das von ihm ansonsten so vehement verfochtene Manipulationstheorem (s.o.): Wenngleich er nicht soweit geht, die „Spielregeln der Schlagerindustrie" als „sedimentierte Resultate von Publikumspräferenzen aus einer noch nicht [...] technologisch durchorganisierten Gesellschaft" zu deuten, so wären der Manipulation doch eindeutig Grenzen gesetzt: Die „Flachheit [...] eines Materials", derart beschaffen, „im Zustand von Zerstreuung" rezipiert zu werden, generiere „verhältnismäßig flache [...] Reaktionen"; die der „musikalischen Kulturindustrie" eingeschriebene Ideologie korreliere nicht umstandslos derjenigen ihrer Konsumenten (10.2, 716ff.).

---

235 Jene ‚wichtige' Morphologie der vulgärmusikalischen Typen freilich bezeugte dabei rückwirkend wiederum die Notwendigkeit der Beschreibung ihrer jeweiligen *ökonomischen* Physiognomie.

236 [Hervorhebung von mir.]

237 [Hervorhebung von mir.]

238 [Hervorhebung von mir.]

Ein ,vernebelndes' Moment käme aber auch der kulturindustriellen Musik *per definitionem* zu: aufgrund ihrer konstitutiven „Begriffslosigkeit". Trotz dieser ,Sprachlosigkeit' könne sie umschrieben werden als „weitgehend technisiert" – in Anbetracht einerseits eben der gängigen „mechanischen Verbreitungsmethoden" sowie, ganz allgemein, mit Blick auf den abstrakten Entwicklungsgang *jedweder* neuzeitlichen Musik:

> Max Weber hat den Prozeß der Rationalisierung geradezu als das historische Gesetz angesprochen, nach dem [auch] die Musik sich entfaltet hat. Alle bürgerliche Musik hat Doppelcharakter³. (15, 30[239])

Ein gewisses Quantum „verdinglichter Rationalität" inhäriere jeder Musik im Kern, und sei es, daß sie sich als ,organisch' gerierte (16, 525). Somit kann Adornos Aussage: Die Schattenseite jener seit der *Symphonie Phantastique* zu beobachtenden musikalischen Partizipation an der „industriellen Gesellschaft" bestünde darin, nun selbst den „Preis des Fortschritts" zahlen zu müssen, auf den Kontext auch der ,leichten Musik' extrapoliert werden (16, 232).

Selbst vor dem der ,unteren Musik' noch vorgelagerten „häuslichen Musizieren" mache der expansive Prozeß der Verdinglichung dabei keinen halt; den Niedergang der „musikalischen Initiative des Nichtprofessionellen" hätte zu verantworten dabei auch die mit den Massenmedien verschränkte „mechanische[ ] Reproduktion". „[D]er Amateur", so die annähernd reaktionäre Schlußfolgerung, könne am ehesten noch dort bestehen, „wo Reste einer aristokratischen Gesellschaft sich erhalten haben wie in Wien" (14, 183f./18, 729). – Der Kunst der feudalen Periode wird also ein Autonomie–Überschuß attestiert.

Zwar würde die ,untere Musik' (aufgrund genannter „zentralistische[n] Erfassung") dem gültigen Stand der Technik tendenziell angeglichen – sie profitiere diesbezüglich –; „[a]m Ende" aber schicke sich die Kulturindustrie an, „Musik insgesamt in ihre Regie zu nehmen" (s.o.). Die „technischen Standards des Komponierens" befänden sich – *in toto* – qualitativ „in einer Phase der Rückbildung" (16, 23/18, 480).[240] Die „industrielle Rationalisierung" *jedweder* Musik neige – in Analogie zum Grundmotiv der DdA – dazu, dieser letztlich als Widersacher gegenüberzutreten (s.o.) (15, 63).

Die ,Verantwortlichen' der Kulturindustrie verlautbarten demgegenüber, die technischen Mittel der Massen(re)produktion hätten die Musik als solche dem Gros der Bevölkerung überhaupt erst zugänglich gemacht und diese somit ,demokratisiert' – Adorno klassifiziert jene Argumentationsweise (zu) einseitig als zynisch (s.o.). Weitaus problematischer hingegen erscheint ihm die Annahme, parallel dazu wäre, zumindest statistisch, auch das „Hörniveau" gestiegen; die dem Profitwesen einverleibte Technik zwinge den Menschen „leichte Musik" vielmehr auf (14, 178/199ff.; 18, 769).

Unter dem Strich aber könne sich die kulturindustrielle Musik zugute halten, sie erstatte dem Individuum, wenngleich „imaginativ", „etwas von den Körperfunktionen" zurück, von denen es zivilisatorisch entbunden worden ist (diese Freiheit

---

[239] [Einschub von mir.]

[240] Wohl auch deswegen trägt Adorno Rechnung der etwaigen Verwandtschaft des „technologischen Aspekts" etwa der Orchestrierung Hector Berlioz' mit „industriellen Verfahren" (14, 396).

hätte Adorno nun konsistenterweise zu begrüßen, s.o.). Nichtsdestotrotz: Die vom Rhythmus evozierten (Tanz–)Bewegungen reproduzierten, „in der mechanischen Starrheit ihrer Wiederholung", lediglich die „Produktionsprozesse, die das Individuum der Körperfunktionen beraubten" (14, 233f.). Entlarvt als „Substitut eines Geschehenden", erweist sich ihm die populäre Rhythmik (in Übereinstimmung mit dem Sport) primär als banale Kompensation „qualvoll ungebundene[r] Bewegungsenergie zumal der Jungen" (14, 230f.).

– Von Wichtigkeit ist in diesem Zusammenhang jedoch insbesondere die performative Analogie der Populärmusik eben zum Film; wie gesagt: Auch hier konvergierte die adäquate Umsetzung ästhetischer Ideen: die *Kompositions*technik, mit den sie *dominierenden* Techniken ‚massenhafter Verbreitung'. Da eine wirkliche ‚technologische Analyse' insofern kaum verfinge, unterbreitet Adorno den (wohl zuvorderst provokativ angedachten) Alternativ–Vorschlag eines Nachweises der in solcherlei Musik ‚regressiv–festgehaltenen archaisch–symbolischen Typen'. Immerhin erschlösse sich der Analyse jene überraschende Heterogenität sowohl der vulgärmusikalischen Produktions– als auch und vor allem: ihrer *Rezeptions*instanz. Dem Manipulationspotential der musikalischen Kulturindustrie, so Adorno, ihm wären Grenzen gesetzt.

3.1. Die „Jazzmaschine"

Das Genre wiederum der ‚Massen'musik ist für Adorno bekanntlich die verfemte „Technik des Jazz" (die spezifische Metapherbildung soll die ‚Minderwertigkeit' des Genres suggerieren) (10.2, 713). Der schlecht–autopoietische Charakter der gesellschaftlichen Maschinerie *einschließlich ihres vulgär–ästhetischen Schmiermittels* verdichtet sich ihm dabei wiederum in der berühmten Metapher: „ewig stampft die Jazzmaschine." (3, 171)

Obschon zuvor der *Film* als das repräsentative Medium der Kulturindustrie benannt wurde, wären nun insbesondere anhand jener „‚Musik des Maschinenzeitalters'" die Mechanismen der Kulturindustrie *pars pro toto* einzusehen – paradoxerweise[241] gerade insofern, als diese, ähnlich wie zuvor im Falle des Films, „ohne technische Kenntnis" kaum objektiv bewertet werden könnten (10.1, 129/19, 384). Eben wie angedeutet ist Adorno der festen Überzeugung, daß, *„[a]s soon as one enters the field of musical technology and structure, arbitrariness of evaluation vanishes, and we are faced with decisions about right and wrong." – Dieses anti–relativistische Axiom seiner Kunstsoziologie bezeichnet er als „musico–technological control of sociological interpretation"*.

Nichtsdestotrotz verfehlt sein (scheinbar) fundierter Ansatz gewissermaßen den in der Einleitung zur *Ästhetischen Theorie* postulierten Anspruch, zeitgenössische Ästhetik (nach Kant und Hegel) habe sich zu bewähren auch in konkreter Kenntnis der Gegenwartskunst – mit anderen Worten: Seine Sicht des *Jazz* verbleibt schlicht zu indifferent: *„Musical analysis can furnish us with plenty of materials which manifest, so far as rhythmical patterns, sound combinations, melodic and harmonic*

---

[241] Zuvor hatte Adorno ja noch behauptet, eine ‚wirkliche' technische Analyse erwiese sich im Falle der ‚Vulgärmusik' als hinfällig (s.o.).

structures are concerned, that even apparently divergent schools of popular music, such as sweet and swing, are essentially the same." (N 1.3, 216[242])

Wer jedoch, wie üblich, Adorno einen *allzu* engen Jazzbegriff attestiert – dieser erschöpft sich wahrlich nicht im *Swing* eines Benny Goodman –, greift insofern zu kurz, als daß Adorno, späterhin, in den Jahrzehnten nach der Kulturindustrie–Polemik, durchaus noch differenziertere Sichtweisen des *Jazz* zu Papier bringt (ähnlich wie im Falle des Verdikts über *Lyrik nach Auschwitz*). Auch ihm ist geläufig, daß der *Jazz* sowohl der „Volksmusik der amerikanischen Neger (Spirituals und Blues)" als auch dem „synkopierten amerikanischen Gassenhauer (Ditty)" entwachsen ist (s.o.) und seine Wurzeln somit bis in die „dreißiger Jahre des vorigen Jahrhunderts" reichen (18, 71). (Dies freilich hält ihn nicht davon ab, *wiederum* anderweitig noch auf plakative Art und Weise den manipulierten bzw. manipulativen Wesenszug etwa der „Swingterminologie" zu geißeln [19, 394]).

Immerhin bemerkt Adorno an der „Jazzpraxis" die durch spezifische handwerkliche Verfahrensweisen, durch „Techniken des absichtsvollen Falschspielens", hervorgerufene *Dissonanz* – für ihn repräsentiert diese, exemplarisch vorexerziert in der atonalen Neuen Musik (s.u.), bekanntlich das unabdingbare Signum der ästhetischen Moderne. Derlei „Gepflogenheiten" allerdings wäre *unisono* eine „Unbedenklichkeitsbescheinigung" beigelegt; der scheinbar „extravagante Klang" müsse jederzeit als „Substitut für einen ‚normalen'" erkennbar bleiben, wie es heißt (14, 38). – In *zweierlei Hinsicht* (praktisch und theoretisch) aber könne der *Jazz* in der Tat als ‚progressiv' bezeichnet werden: zum einen aufgrund der praktizierten „Wiederhereinnahme des Reproduzierenden in die Komposition" (das Moment der *Improvisation* wäre in der ‚Kunstmusik' der quasi–mechanischen Wiedergabe geopfert worden); mit der Rehabilitierung reproduktiver Freiheit dann – dies markiert den zweiten, lediglich reformulierten Punkt – ginge vonstatten die paradigmatische Akzentuierung ‚des Menschen' gegenüber dem leblosen „Ding" (abermals steht Adorno der Lebensphilosophie näher, als er selbst es eingestehen würde, s.o.) (17, 86).

Kritikwürdig wäre der *Jazz* erst dann, wenn er sich als avantgardistisch inszeniere: Wie geschildert hinge die „Jazz–Fertigindustrie" am Tropf der „Verarbeitung" klassischer Motive (Bildung fungiere hier als „Rohstoff" zu Identifikationszwecken, s.o.) (18, 773). Als verschwörerisches „Ziel des Jazz" gibt er daher aus letztlich die „mechanische Reproduktion eines regressiven Moments" (vgl. obige, von Adorno lediglich angedachte ‚symbolisch/technische Analyse') (10.1, 133[243]).

– Wenngleich also der Film im Vorfeld als sinnfälligstes Genre der Massenkultur benannt wurde, wäre es nunmehr – dies ist festzuhalten – ebenjene ‚Musik des Maschinenzeitalters', welche die kulturindustriellen Mechanismen repräsentativ veranschauliche. Allerdings ist Adorno der Meinung, daß, würde derlei Musik ausgesetzt seiner anti–relativistischen *'musico–technological control of sociological interpretation'*, sie dieser kaum genügen könne: Zwar bemerkt er die dissonant–atonale Schlagseite des Jazz, immerhin; dieses Moment jedoch übernähme in kein-

[242] [Hervorhebung von mir.]

[243] Adornos bisweilen psychologisierender Duktus verwunderte dabei nicht weiter, verstiege er sich diesbezüglich nicht zu einer bizarren, ihrerseits ‚regressiven' Diffamierungsorgie. Diese betreibt zunächst die latente Kriminalisierung des *Jazz* – um schließlich zu kulminieren in allenfalls historistisch zu relativierender Homophobie (ebd.).

ster Weise *konstitutive* Funktion. Lediglich mit Blick auf die reanimierte Komponente der *Improvisation* könne der Jazz als ‚progressiv' bezeichnet werden.

3.2. Archäologie „vulgärmusikalischer" Technik

Was sich im Kontext jener nostalgischen Verklärung der popkulturellen Relikte bereits angedeutet hat: Adorno verfolgt eine Art ‚Archäologie' der kulturindustriellen Musik; diese hätte ihren Gegenstand zunächst an der *Operette*: Sie bereits repräsentiert für ihn einen bedeutenden Vorläufer der kulturindustriellen Musikerzeugnisse; trete sie doch in Erscheinung just in dem Augenblick, da die letzte Option auf die „musikeigene[ ]", d.h. *nicht ökonomisch–fremdbestimmte* „Produktion leichter Musik" vertan sei, bemühe sie sich noch so sehr um die verblichene Aura (bildungs)bürgerlicher Kulturgüter: „[D]as ‚Dreimäderlhaus' gehört als Reklame und Ideologie notwendig zum ökonomischen Unterbau der Schlagerfabrikation und jede weitere Ausbildung der industriellen Apparatur hat den Fetischcharakter des Bildungsgutes in der leichten Musik extremer befestigt [...]." (18, 773) – Der eigentlichen kulturindustriellen Musik wäre nichtsdestotrotz zu bescheinigen, sie verfiele demgegenüber in „Formanarchie"; sie unterliege der „Versuchung der Leerformen", welche, mittels Selbstbeschränkung auf die etwaige Objektivität ‚reiner Subjektivität', lediglich die „Objektivität der [gesellschaftlichen] Maschine" reproduziere (s.o.) (18, 256[244]).

Jedoch wäre es das *Variété*, welches gelten könne als der prägnantere Ahne der kulturindustriellen Musik – repräsentiere es doch gewissermaßen die eigentliche historische ‚Gelenkstelle' ‚gehobener' und ‚niederer' Kunst. Insofern es, qua „beschwörende[r] Wiederholung des industriellen Verfahrens", „Immergleiches" ventiliere, könne es zudem dienen als „Allegorie des Hochkapitalismus". Dennoch: Das eigentliche Paradoxon des *Variété* bestünde darin, daß es sein ökonomisches Äquivalent eben des (Hoch–)Kapitalismus „als beherrschten" präsentiere: indem es „seine Notwendigkeit als Freiheit des Spiels sich zueignet" – wiewohl das genaue Gegenteil, kulturindustriell–*avant la lettre* sozusagen, der Fall sei. Die Freiheit des *Variété*, und erst recht sein *normativ/utopischer Geltungsüberhang*, wäre scheinhaft.

Das *Variété* – wie im übrigen auch der *Impressionismus* – wäre dahingehend zu deuten als mißlungener Versuch, die der industriellen Verfahrensweise zugrundeliegenden Ideen zum einen in den Dienst der Kunst zu stellen, sowie, zum anderen, ebendiese Methoden derart als ‚zwecklose', als „reine Naturbeherrschung" zu präsentieren (3, 308f.).[245]

---

244 [Einschub von mir.]

245 Gewissermaßen als *real*technisches Pendant von *Operette*, *Variété* und *Impressionismus* dann könnten genannte „traumhaft vergrößerte[ ] Leierkästen, die einmal in Karussells mit metallenem Lärm rauschten", benannt werden (s.o.).

3.3. Radio

Auch das technische Reproduktionsmedium *Radio* – gegenwärtig zuzuordnen den profanen Haushaltsgeräten „zur Verbreitung von Flüssigem, Gasförmigem, Energetischem“[246] – wäre abzulehnen: Adorno zufolge liefere es ein fragwürdig–ausgedünntes *Abbild* eigentlicher ästhetischer Erfahrung – zu schweigen von der Möglichkeit propagandistischer Zweckentfremdung (‚Volksempfänger', s.o.). – Auch die ‚Radiosituation' ließe nur unter Anwendung eines hermeneutischen Gewaltaktes sich scheiden von ihrer (psycho–)sozialen bzw. ökonomischen Rahmengebung: Seine „Theorie des atomistischen Hörens“, die Annahme einer vom Radio evozierten Vereinzelung der Rezipienten, wäre diesbezüglich zu exponieren (10.2, 717/15, 374).

„*[M]ost recent example of the ‚illusion of closeness' and its astonishing effects*”, welche die gegenwärtige Reproduktionstechnik des Radios dennoch offeriere, biete die massen–hysterische Reaktion auf Orson Welles' 1938 ausgestrahltes Hörspiel *War of the worlds* (N 1.3, 82[247]). – Freilich kann Adornos Einschätzung eines derart archaischen Rezeptionshabitus für ebenso obsolet befunden werden – seine Überlegungen aber hinsichtlich der „*authority of the tool*“ erweisen sich, *eben aufgrund* ihrer historischen Naivität, als dienlich im Hinblick auf die Problematisierung ebenfalls der scheinbar ‚aufgeklärten' Hörkonventionen unserer Tage.

Auch anhand der kindlichen Relation zur (Radio–)Technik ließen sich verallgemeinerungsfähige, ‚fruchtbare' Erkenntnisse gewinnen, etwa mit Blick auf die (psycho–)sozialen Auswirkungen sich etablierender (Informations–)Technologien; so tritt das Motiv etwa der ‚Identifikation mit dem Angreifer' hier naturgemäß viel deutlicher zu Tage. – Das Kind wäre jedoch nicht nur ‚Sklave der Technik', sondern „*frequently the master of the material*“ („*even though resistance is not absent when he is so frequently ready to destroy his own toy*“): „*The desire to be the real master of machinery*” – Adorno würde kaum zugeben, daß dies auch das marxische Streben nach der Kontrolle über die Produktionsmittel tangierte – „*is a relic of this genuine spontaneity and certainly survives with the toys which our society provides for adults, of which radio is one of the most famous examples.*” (N 1.3, 161[248])

Für den eigentlich–musikalischen Kontext könne im Umkehrschluß geltend gemacht werden: „*Compared to the developed music–listening, listening to radio music shows definite infantile features*” (N 1.3, 674[249]). – Adorno macht sich somit auch Alfred Sohn–Rethels Argumentationslinie zu eigen, derzufolge die „modernen technischen Mittel der künstlerischen Reproduktion“ eine „Sozialisierung der Sinnesorgane“, und d.h. im Falle des Radios: eine „‚Aneignung der Ohren'“, bewirk-

[246] Im gemäßigten Rahmen einer Arbeitshypothese, und zwar in gewisser Analogie zur (wenngleich affirmativen) Einschätzung Gehlens, schlägt er vor, das Radio („wie wahrscheinlich die meisten technischen Erfindungen von der Flugmaschine an“) in eine Reihe mit *denjenigen* Erfindungen zu stellen, welche ihre „ökonomische[n] Bedürfnisse“ erst hervorbrächten (FABI VII, 113).

[247] [Hervorhebung von mir.]

[248] [Hervorhebung von mir.]

[249] [Hervorhebung von mir.]

ten, die sich als Ent–eignung entpuppe. Es ist die Rede vom „Konservenbüchsengeschmack[ ]“ der Radio–Konsumenten (14, 160/19, 118).

‚Bloß abgebildete Musik' aber widerstrebe der eigenen Eindimensionalität; das Stigma „technischer Musik“: „bloßer Abguß eines Anderen“ zu sein, arbeite an seiner Tilgung (15, 387). Solange ebendieser Sachverhalt jedoch noch gegeben sei, behielte die Rede vom reduktionistischen „‚Bildcharakter' der Musik im Radio“ ihre Berechtigung (10.2, 717):

> Zur Plastizität des symphonischen Klangs, die dessen Sinn erst konstituiert, trägt aber nicht bloß die Klangstärke als solche bei sondern der Umfang der Skala vom Fortissimo bis zum Pianissimo; je schmaler dieser Umfang, je geringer die Möglichkeit dynamischer Kontraste, desto prekärer die Plastizität, tragende Erfahrung des symphonischen Raums. Kein technischer Fortschritt vertuscht den Verlust alles dessen im Radio. [...] Paßt freilich der Radioempfänger den akustischen und sozialen Hörbedingungen nicht sich an, beharrt er im Privatraum auf der originalen Dynamik, so durchbricht er bis heute noch die Neutralisierung. Dann aber verwandelt sogleich das Phänomen sich in wilden Protest, barbarisches Toben. Nicht nur widerspricht es kraß der Situation und ermutigt eifernde Nachbarn zum Telefonat, sondern ist dem Original so fremd wie andererseits dessen Gestalt der Zimmerpflanze. (15, 378)

Der „Ausnahmezustand“, den die (klassische) Musik bis an die „Schwelle des technischen Zeitalters“ verkörpert hätte, wäre obsolet (auch aufgrund des „überstrapazierten glamors[s]“, welchen die Radiosymphonie eben qua Konservierung jener ‚längst verblichenen Aura' kennzeichne, s.o.); selbst wenn es sich um ‚ernste' Musik handele, wäre diese nicht zu verwechseln mit dem, wozu das Radio sie mache. Als besonders eindringlich erweist sich diesbezüglich die fast schon moralisierende Rede davon, was „SYMPHONIEN VOM BEETHOVENSCHEN TYPUS IM LAUTSPRECHER WIDERFÄHRT“ (15, 380/N 1.1, 174). Wagner bereits hätte einer „‚wesentliche[n] Veränderung' des Vortrags der Musik“ die Normativität durchaus nicht abgesprochen: *the medium is the message* (N 1.2, 289).

Immerhin jedoch bemerkt Adorno (später) die Hinfälligkeit seiner „zentralen Idee [ ]”: daß die „Radiosymphonie” nicht mehr als solche bezeichnet werden könne *aufgrund der klanglichen Beeinflussung durch den ‚Hörstreifen'* – dieser nämlich wäre technisch überwunden nunmehr von „High Fidelity“ und „Stereophonie“ (10.2, 717). – Dennoch anempfiehlt er die dialektische Emanzipation vom fragwürdigen Ideal eines etwaigen ‚natürlichen' Klangbildes: Erst das bewußte Bekenntnis zum technisch/artifiziellen Wesen seiner ermögliche es dem Radio, seinen ‚unnatürlichen' Klangcharakter perzeptiv abzustreifen.

Mit Blick auf den Bereich der Musik beruft sich Adorno dabei zudem auf *Howard Sterns* Untersuchungen des Radiosystems: Dieser bereits gelange zu dem Schluß, die vorgefundene Struktur „*of music's mechanical reproduction*” „*does not fit for music at all*“; der individuelle Charakter musikalischer Werke gerate in Konflikt mit der nivellierenden Reproduktionsmaschinerie – *ganz analog zur semiologischen Mißhandlung des Nichtidentischen (s.o.).* Wiewohl Adorno dies nicht tut, könnte somit auch für das Radio geltend gemacht werden, die darzustellende Musik käme als ‚Rohmaterial'[250] gleich der Instanz der Natur (N 1.3, 550f.[251]). Dem reproduzierten Material wäre zu eigen dann *wiederum* ein spezifischer Doppelcharakter: 1. eben als *Klangmaterie*, sowie 2. als formiertes *Werk*.

Zwar beträfen derlei „elektronische[ ] Spekulationen" in erster Linie den avancierten Kontext; indirekt jedoch erlangten sie Relevanz auch für das „latente[ ] Ideal einer Radiomusik", wie sie nicht mehr ausschließlich eine „bloß ins Radio gestopfte" repräsentierte (15, 387). – Eine veränderte Radiosituation allerdings bedürfe in gleichem Maße ‚erneuerter' Rezipienten – deren ‚institutionell eingefrorener' Rezeptionshabitus von der „technologischen Struktur" des Radios bislang reproduziert würde. Dieses Paradoxon verwiese letztlich erneut auf den grundsätzlichen gesellschaftlichen Antagonismus, wie er vom Radio alleine nicht geschlichtet werden könne:

> Gerade wenn man in der Rundfunktheorie versucht, die kritischen Momente sehr stark herauszuarbeiten, ist es notwendig zu zeigen, daß es aus der mechanischen Reproduktion prinzipiell keinen Ausweg gibt, und daß die progressiven Tendenzen nur durch sie hindurch zu verwirklichen sind. Das Radio kritisieren heißt nicht: vorm Radio retten. (15, 381/FABl VII, 107)

Die „wahre Reproduktion" eines (musikalischen) Kunstwerks – dies kann als Adornos *reproduktionstheoretische Hauptthese* erachtet werden – gliche vielmehr jener vom ‚live' agierenden Künstler vorgenommenen, vielschichtigen „Röntgenphotographie" eines festgeschrieben Werkes. Diese würde vor die Aufgabe gestellt, die unter den sinnlichen Oberflächenphänomenen ‚vergrabene' Konstruktion, wie sie von der massenhaften technischen Reproduktion unangetastet bliebe, mit Leben zu erfüllen. Adorno antizipiert seine spezifische Erkenntnistheorie (s.u.), wenn es dahingehend heißt: Lediglich die „Tiefe der subjektiven Anschauung" verbürge die „Objektivität der Reproduktion" (N 1.2, 9f./16/91).

– Rückblickend jedoch wäre in diesem Zusammenhang insbesondere seine ‚Theorie des atomistischen Hörens': jene These einer von der Radio–Technik evozierten (schlechten) Vereinzelung der Rezipienten, hervorzuheben. Der skizzierte Widerstreit zwischen dem dezidiert individuellen Charakter der musikalischen Kunstwerke und der nivellierenden Reproduktionsmaschinerie des Radios gehört dabei ebenfalls zu Adornos zentralen Einwänden: Die ‚wahre Reproduktion' könne eben lediglich von der ‚Röntgenphotographie' des Live–Musikers gewährleistet werden.

3.4. Reproduktionsträger Schallplatte

Ähnlich wie zuvor das Radio beschnitte auch der *Reproduktionsträger Schallplatte* die sinnliche Aura eines (ur–)aufgeführten Klangkunstwerks. Das Vinyl entstammt dabei, schenkt man Adorno Glauben, bereits jener ‚neuesten Zeit', welche die „Übermacht der Dinge über den Menschen" zynisch konstatiert – wäre mitunter er-

---

[250] Als „Rohmaterial der Reproduktion" bezeichnet Adorno anderweitig die (ansonsten vernachläßigte) *Instrumentation* – meint hier aber ganz offensichtlich die Reproduktion des ‚vom Blatt' spielenden Musikers (s.u.) (N 1.2, 153).

[251] [Hervorhebung von mir.]

ste „kunst–technische [ ]“ Signatur der Verdinglichung. In diesem Sinne befürchtet er, die Historie ihres technischen Pendants, des Grammophons, könne eine Geltung beanspruchen, welche diejenige lebendiger Komponisten zunehmend verdränge (19, 530).

Mit Blick auf die verdinglichenden Implikationen der Schallplatten–Technik scheint sich Adorno daher erneut zu widersprechen, wenn er nichtsdestotrotz konstatiert, „[m]it den Schallplatten erober[e] sich die Zeit einen neuen Weg zur Musik.“ Die scheinbare maschinelle Bereicherung der Zeitkunst–Musik aber entpuppe sich vielmehr als „Vergängnis“: insofern nämlich, als daß der hinzugewonnene Zeitaspekt auf die ‚tote Zeit‘ der *Erinnerung* beschränkt bliebe, die den *Connaisseur* in Anbetracht seiner Platten–(An)Sammlung überkomme (19, 532).

Wie zuvor im Falle des Radios beschreibt Adorno dann auch jene die Schallplatte erst in Klang übersetzende technische Apparatur als Bestandteil des (klein–)bürgerlichen Interieurs, wenngleich auffallend weniger pejorativ: Der „Mechanismus des Grammophons“ erschöpfe sich in der dem „verkleinerte[n], wohnliche[n] Bedürfnis angepaßte[n] Mitteilung vorgegebener Werke“. Auch dem prähistorischen Plattenspieler – in seiner Ausrichtung auf den schlechten Individualismus ‚atomistischen Hörens‘ (s.o.) – hafte an bereits das *Air* des Obsoleten, des spätromantischen Muff:

> Das diffuse und atmosphärische Behagen des kleinen, aber hellen Grammophonklanges ist dem singenden Gaslicht äquivalent und dem summenden Teekessel abgeblichener Literatur nicht völlig fremd. Das Grammophon rechnet zur gefüllten Stille der Einzelnen.

Die Schallplatte bzw. der Platten*spieler* aber wären nicht in dem Maße am kulturellen Verfall beteiligt, wie es zunächst schiene: „Werk und Reproduktion“ würden „akkommodiert zwar“, nicht jedoch „angetastet oder verschmolzen“ (s.o.): „[D]as Werk bleibt in relativen Dimensionen erhalten und die fügsame Maschine, keineswegs von sich aus Formprinzipien diktierend, folgt dem Interpreten geduldig nachahmend in jede Nuance.“ „Solche Praxis“ hätte zur Voraussetzung den „fraglosen Bestand der Werke [...] und das Recht des Interpreten zu jener Freiheit, die die Maschine mit andächtigem Rauschen begleitet“ – beide Komponenten allerdings hätten ihren Zenit bereits überschritten (19, 526f.).

Wie angedeutet ist Adorno der Meinung, das eingehendere Verständnis der Schallplatte könne zumal dem Studium der technischen Entwicklungen entwachsen, „die einmal die Walzen der mechanischen Spielwerke und Orgeln in die phonographischen verwandelten“ (s.o.). Jene vulgärmusikalischen Apparaturen von einst erwiesen sich als direkte Vorfahren der gegenwärtigen Reproduktionstechnologie – wobei als Grund der skizzierten Nostalgie Adornos wohl auch der Anstieg reproduktiver Passivität zu nennen ist: Konsequent zieht er die vergleichsweise primitiven Grammophone den ‚pseudo–authentischen‘ modernen Plattenspielern vor: da diese, aufgrund ihres offen–artifiziellen Klangcharakters, den ehr–erbietenden ‚Schatten‘ des Originals markierten – nicht aber dessen falschen Schein evozierten. Es wäre insbesondere der „elektrische[n] Aufnahmetechnik“ geschuldet – diese Position ist dezidiert kulturkonservativ –, daß die Rede vom ‚Original‘ an Exklusivität eingebüßt hätte (19, 532/N 1.2, 175). (Etwa im Falle des Radios wurde die technische Überwindung des ‚Hörstreifens' ja noch begrüßt, s.o.)

4. Das Naturschöne

In Konsequenz dann des geballten technischen Potentials (nicht nur) der Kulturindustrie, als Reflex gewissermaßen auf den „Abdruck totaler Technik", so Adorno, erlebe das Moment des *Naturschönen* – in Gestalt des „idyllische[n] Naturbegriff[s]"[252] – eine unerwartete Renaissance:

> Mit der Ausbreitung der Technik, mehr noch in Wahrheit der Totalität des Tauschprinzips wird das Naturschöne zunehmend zu dessen kontrastierender Funktion und dem befochtenen verdinglichten Wesen integriert. [...] Die unmittelbare Naturerfahrung, ihrer kritischen Spitze ledig [gegenüber „Zopf und Taxusgang des Absolutismus"] und dem Tauschverhältnis – das Wort Fremdenindustrie steht dafür ein – subsumiert, wurde unverbindlich neutral und apologetisch: Natur zum Naturschutzpark und zum Alibi. (7, 106f.[253])

Und speziell im Falle der Kulturindustrie würde die heteronome Realtechnik entweder positivistisch verklärt (performativ wie objektiv) – oder, je nach Bedarf, das Ideal eben der Authentizität kontrastierend beschworen.

Dabei macht Adorno unmißverständlich klar, daß selbst eine dem Rousseauismus verpflichtete Kunst Natur methodisch nur „durch ihre Abschaffung" zum *Sujet* erheben könne; auch sie hätte ihr Material notgedrungen zu ‚begreifen'. Insbesondere wäre „alle *naturalistische* [bzw. realistische Kunst] [...] der Natur nur trügend nahe, weil sie, analog zur Industrie, diese zum Rohstoff relegiert."[254]

> Wie sehr die Vulgärantithese von Technik und Natur irrt, liegt darin zutage, daß gerade die von menschlicher Pflege ungesänftigte Natur, über die keine Hand fuhr, alpine Moränen und Geröllhalden, den industriellen Abfallhaufen gleichen, vor denen das gesellschaftlich approbierte ästhetische Naturbedürfnis flüchtet. Wie industriell es im anorganischen Weltraum aussieht, wird einmal sich erweisen (7, 104/106f.).

Dementsprechend täusche die bürgerliche Kategorie des „Organischen"[255] über den darunter zumeist befindlichen „Aspekt verdinglichter Rationalität" hinweg (16, 525). Analog stuft Adorno auch die mit dem Naturschönen nicht selten verschränkte Kategorie der ‚Echtheit' ein als „Reflex der industriellen Massenproduktion" (4, 177).

---

[252] Selbstverständlich ist das Naturschöne für Adorno nicht per se pejorativ konnotiert. In diesem Zusammenhang allerdings beschränken wir uns auf ebenjenen semantischen Kontext, zumal auf das Naturschöne als *Sujet* der Kunst (zum Naturschönen bei Adorno vgl. auch Figal, Günter: Theodor W. Adorno. Das Naturschöne als spekulative Gedankenfigur. Bonn 1977.).

[253] [Einschub von mir.]

[254] [Hervorhebung und Einschub von mir.]

[255] Vgl. hierzu etwa Schopenhauers methodologische Exposition seiner ‚organischen' Konzeption der *Welt als Wille und Vorstellung* – wie sie letztlich ‚architektonisch' verbleibt (ders.: Die Welt als Wille und Vorstellung. A.a.O. Einleitung.)

5. Epilog: Walter Benjamins divergente Reproduktionstheorie

For further clarifying the problem, reference may be made to a theory developed by Walter Benjamin in his essay [...]. (N I.3, 551[256]*)*

Obgleich anderweitig stark von ihm beeinflußt, befindet sich Adornos Fundamentalkritik der Kulturindustrie in Opposition wiederum zur einschlägigen Reproduktionstheorie Walter Benjamins[257]: Die zu konstatierende, neuartige „technische Reproduzierbarkeit" von Kunstwerken ist es, die Benjamin – im Gegensatz zu Adorno – wesentlich für positiv befindet.[258] – Im Rahmen eines ‚Epilogs' erweist sich eine kontrastierende Gegenüberstellung daher als sinnvoll.

Im *Film* – für Benjamin (ebenfalls) das zentrale ästhetische Medium der Gegenwart – wäre die technische Reproduzierbarkeit nicht länger nur hinzutretendes Moment (wie noch in Literatur und Malerei), sondern bestimmende Produktivkraft. Da das *tertium comparationis* des Echtseins nunmehr jedoch entfiele, trete an die Stelle der *kultisch/rituellen* Grundierung der Kunst die *politische*.[259] Auch diese aber, zu beobachten anhand der historischen Ereignisse der 1930er–Jahre, würde in die Krise gestürzt – kritisch verzeichnet Benjamin die ‚Ästhetisierung der Politik'.[260]

Mit Entbindung von ihrer kultisch/rituellen Grundierung, so Benjamin, hätte sich auch die ästhetische Autonomie gewandelt; die kulturkonservative Kritik des Films – auch Adorno ist dieser letztlich zuzurechnen – markiere daher die fehlgeleitete Kritik am neuartigen, *technischen* „Gesamtcharakter der Kunst".[261] Die „alte Klage": Kunst erfordere Kontemplation, während „die Massen" lediglich „Zerstreuung" verlangten, griffe nun erst recht zu kurz:

> Die Aufgabe, welche in geschichtlichen Wendezeiten dem menschlichen Wahrnehmungsapparat gestellt werden, sind auf dem Wege der bloßen Optik, also der Kontemplation, gar nicht zu lösen. Sie werden allmählich nach Anleitung der taktilen Rezeption, durch Gewöhnung, bewältigt.[262]

Benjamin also geht soweit, ebenjenen als ‚Zerstreuung' diffamierten Effekt sinnlicher Überforderung, je zu beobachten im historischen Kontext der Entstehung neuartiger Reproduktions– bzw. Kunst–Techniken, historische Unabdingbarkeit zu bescheinigen (ganz ähnlich wie später dann Gehlen).[263]

Das Verschwinden der ‚Aura' – der „einmalige[n] Erscheinung einer Ferne, so nah sie sein mag"[264] – jedoch würde von der Filmindustrie nicht einfach hingenommen; sie reagiere mit der Beschwörung des ‚Ausstellungswertes': qua Konstruktion des Star–Systems (auch Benjamin sieht dies kritisch). Nichtsdestotrotz stünde der Film gegenwärtig ein *pars pro toto* für die Kritik des reaktionären Kunstbegriffs; es

---

256 [Hervorhebung von mir.]

257 Benjamin, Walter: Das Kunstwerk im Zeitalter seiner technischen Reproduzierbarkeit. Drei Studien zur Kunstsoziologie. Frankfurt a. M. 1963.

258 Ebd., S. 10.

259 Ebd., S. 17f.

260 Ebd.

261 Ebd., S. 22. [Im Original kursiv.]

262 Ebd. [Im Original kursiv.]

263 Ebd., S. 41.

264 Ebd., S. 14f.

wäre ihm zu danken, daß er die Kunstauffassung auch der breiten Menge transformiert hätte in eine progressive.[265]

Dabei klingt an bereits die von Benjamin postulierte ästhetisch/wissenschaftliche Nutzung der Photographie – deren Umsetzung dann „revolutionäre“ Aufgabe eben des Films wäre.[266] Zwar multipliziere der detailverliebte Film die „Einsicht in die Zwangsläufigkeiten“ – Adorno wird später den allzu ‚naturalistischen' Fokus des Films kritisieren (s.o.) –; dennoch eröffne er „ungeahnten Spielraum[ ]“:

> Unsere Kneipen und Großstadtstraßen, unsere Büros und möblierten Zimmer, unsere Bahnhöfe und Fabriken schienen uns hoffnungslos einzuschließen. Da kam der Film und hat diese Kerkerwelt mit dem Dynamit der Zehntelsekunde gesprengt, so daß wir nun zwischen ihren weitverstreuten Trümmern gelassen abenteuerliche Reisen unternehmen.[267]

Im Pathos Benjamins schwingt mit, worauf er schließlich *expressis verbis* hinweist: Die Technik des Films könne *durchaus* begriffen werden als Fortführung mit anderen Mitteln des Dadaismus, des Kubismus sowie des Futurismus; diese versuchten die filmischen Effekte noch vergleichsweise ineffektiv: mittels Theater, Malerei, Klang– und/oder Begriffskunst, zu erzeugen: „Kraft seiner technischen Struktur hat der Film die physische Chockwirkung, welche der Dadaismus gleichsam in der moralischen noch verpackt hielt, aus dieser Emballage befreit.“[268] Die modernistischen Künste noch hätten betrieben die ‚Darstellung der Apparatur' – nicht jedoch, eben dann wie der Film, die fortgeschrittene ‚*Verwertung* der Apparatur'.[269]

– Adorno jedenfalls verkennt diese von Benjamin treffend verzeichnete Korrespondenz von Film und *Avantgarde*: Seine Äußerungen zur *Kulturindustrie* bzw. zum *Schema der Massenkultur*, ebenso sein Aufsatz zum *Fetischcharakter in der Musik [und die Regression des Hörens]*, sind dahingehend zu deuten als kritische Auseinandersetzung (auch) mit Benjamins Parteinahme für die neuen Techniken ästhetischer (Massenre–)Produktion. – Zwar schließt er sich etwa Benjamins Einschätzung, von einem Film bestünde kein Original im strengen Sinne, an (s.o.); die polemisch–überspitzte Sprachregelung aber, „das Massenprodukt“ wäre hier „die Sache selbst“ – *in der schlechten Einheit* ästhetischer *und* zivilisatorisch/rationaler Technik *also* –, weicht bereits deutlich ab vom affirmativen Tenor Benjamins.[270]

Was Benjamin Adornos teils problematischer Lektüre zufolge hingegen übersehe: Keineswegs erst das „mechanisch reproduzierte Kunstwerk“ könne gelten als „Negation des auratischen“; den eigenen Kultwert verneine das autonome Werk von

[265] Benjamin, Walter: Das Kunstwerk im Zeitalter seiner technischen Reproduzierbarkeit. A.a.O. S. 28.

[266] Ebd., S. 35.

[267] Ebd., S. 36.

[268] Ebd., S. 37f.

[269] Ebd., S. 39.

[270] Nichtsdestotrotz befindet Adorno Benjamins ‚simplen' Ansatz für „fruchtbar[ ]“; um ihm noch gerecht werden zu können allerdings, hätte er weitergedacht zu werden – weiter als bisher geschehen, so Adorno selbstkritisch (15, 372).

jeher; *ex negativo* „zehr[e]" es gar von ihm, indem es ihn rationalisiert.[271] *Dieses (säkularisierte) „magische Element", soweit nicht kulturindustriell „beschlagnahmt und synthetisch hergestellt", präsentiert sich Adorno – ganz im Gegensatz zu Benjamin – als Bedingung der Möglichkeit ästhetischer Reversibilität gegenüber dem selbstlaufenden Besen wuchernder Zweckrationalität*: „Die *Distanz* des Ästhetischen zur empirischen Realität, ohne die der Begriff des Kunstwerks selbst hinfällig wäre, ist Verwandlung jener Transzendenz, wie sie das auratische Kunstwerk [...] einmal verkörperte."[272] (15, 372f.) – Die von Benjamin glorifizierte Technisierung der ‚antiken Industrie des Schönen' (Paul Valéry) hingegen *ersticke* jene „bewußtlose[ ] Idolatrie" (3, 162).[273]

Es erscheint daher nur konsequent, beklagt Adorno die technische „Allherrschaft der Dauerhaftigkeit von Kunst". – Dieses seinem expressionistischen Kunstverständnis geschuldete Unbehagen gegenüber einer technisch–konservierten, ihrer utopischen Spitze (scheinbar) beraubten Kunst – das dekadente *Feuerwerk* gereicht ihm ein ums andere Mal als Allegorie eines idealtypischen Kunstwerks – setzt er dem (von Benjamin prinzipiell begrüßten) Prozeß ästhetischer Technifizierung entgegen: „Entschlüge sich Kunst der einmal durchschauten Illusion des Dauerns; nähme sie die eigene Vergänglichkeit aus Sympathie mit dem ephemeren Lebendigen in sich hinein, so wäre das einer Konzeption von Wahrheit gemäß, welche diese nicht als abstrakt beharrend supponiert, sondern ihres Zeitkerns sich bewußt wird." (7, 50)

---

[271] Darüber hinaus könne das auratische Kunstwerk von ehedem auch perzeptiv, d.h. als einer beliebigen Menge an Rezipienten Zugedachtes, bereits als ‚Reproduktion' betrachtet werden (7, 56).

[272] [Hervorhebung von mir.]

[273] Methodisch eher unseriös dagegen erscheint Adornos *ad hominem* verfahrende Kritik: Die (angebliche) Tatsache, daß Benjamin, nach Möglichkeit, „Briefe, als längst die Schreibmaschine dominierte, mit der Hand zu Papier brachte", d.h. seine praktische *Abneigung* gegenüber „mechanische{n] Hilfsmittel[n]", scheint nicht auszureichen, um ihn zu kompromittieren (11, 585).

II.a)β Fetischcharakter ästhetischer Technik

So wenig wie irgendwo ist in der Kunst der Begriff der technischen Produktivkraft zu fetischisieren. (7, 323[274]*)*

Neben der Kritik der *Kulturindustrie* markiert diejenige des *Fetischcharakters ästhetischer Technik*[275] den zweiten Oberbegriff, unter welchem die verschiedenen *pejorativen Konstellationen ästhetischer Technik* bei Adorno konvergieren. Die produktive wie auch die rezeptive Beschränkung auf einen kunst–technischen Positivismus nämlich wäre nicht auf den Geltungsbereich der Kulturindustrie beschränkt, sondern könne Relevanz erlangen auch im avancierten ästhetischen Kontext. So ist die Rede davon, daß in bestimmten ästhetischen Sphären der „Stand der technischen Produktivkräfte" demjenigen der Subjektebene in der Tat „entlaufen" schiene, diese lediglich noch re–agieren könne (17, 258).

Wie dargelegt dann erringe, auch im anspruchsvolleren Zusammenhang, als „Ideal der Natürlichkeit" getarnte technische Unzulänglichkeit beizeiten eminente Geltung – als romantische Reaktion eben auf die Unstimmigkeit von Technik und ‚expressiv–mimetischer Schicht': wenn die *ästhetische Technik*, als „einzige Instanz", zum Fetisch avanciere und sich mit Verdinglichung verschwistert zeige (s.o.). Tilge „sakramental tradiert[e]" Technik ihr Motivierendes: Ausdruck, entlüden sich, in Form von Korrektiven des „‚Wilden'" und „Barbarischen", gegebenenfalls „Revolten gegen Technik" (erneut dient der Freudsche Mechanismus als Modell der Erkenntnis) (3, 48/7, 320/10.1, 200/10.2, 497).

Jene dem „technologischen Kunstwerk" vorschwebende „Idee der absoluten Identität" ließe sich verwirklichen allenfalls zu Lasten eben des Werkes selbst – dabei wäre es an der Kunst, dem *Nicht*identischen (technisch) beizustehen. Wenn die ‚Verabsolutierung der Mittel' sich noch bei deren „avantgardistischen Feinden" durchsetze, könne dies gedeutet werden als ‚Sieg der Technokraten'. Bestenfalls stünde hinter dem Faszinosum etwa der Radio–Elektronik die Idee, die Technik zu erlösen vom „Bann der bloßen Abbildung" (s.o.) (primär jedoch befürchtet er, *„that people today are more concerned with the perfect skill of the machinery and the way something is transmitted, than with [...] itself.*") (15, 387/16, 234ff./N 1.3, 570[276])

Jene „technokratischen Visionen" trügen ohnehin in sich bereits das Risiko der einseitigen Überbetonung des technologischen Moments; anderweitig spricht er von der Technokratie als dem herrschaftlich durchsetzten *Schein* der Rationalität – zu deren „Reflex" Kunst nicht ‚entarten' dürfe (3, 317/7, 323). Im Bereich der Musik wäre die „Verehrung des Werkzeugs" dabei nicht selten verknüpft mit dem Hang zur ornamental–ausgeprägten ‚Klangfarbe'; diese, für sich genommen, erinnere an das „Entzücken der Kinder am Bunten" (14, 38).

Sinn und Zweck „technische[r] Elemente" in der Kunst wäre eben nicht die reale Zurichtung der Natur (s.u.), sondern „integrale und durchsichtige Herstellung eines Sinnzusammenhangs" – „[w]o solche Transparenz nichts durchscheinen läßt, wo sie nicht Medium des künstlerischen Gehalts, sondern Selbstzweck wird, verliert sie

---

[274] [Hervorhebung von mir.]

[275] Auf „gleiche[ ] Tendenzen zur Technisierung" in Kunst und Gesellschaft verweist Adorno etwa im Essay zur *gesellschaftlichen Lage der Musik* (18, 756).

[276] [Hervorhebung von mir.]

ihr Lebensrecht", wie es heißt. Die irreversibel „zunehmende Relevanz der Technologie in Kunstwerken" dürfe nicht dazu (ver)führen, sie (wieder) derjenigen, instrumentellen Rationalität einzugliedern, welche die Realtechnik erst ermöglichte und welche in ihr fortlebt. Das Menetekel einer gänzlich verselbständigten „ästhetische[n] Rationalität der Mittel", so Adorno, werde ohnehin nicht heranreichen an ihr aus der Mathematik bezogenes Ideal (s.u.) (7, 393/14, 158). – Die (schlechte) „Utopie einer gleichsam überkünstlerischen Kunst" jedenfalls wäre ohnehin zu haben lediglich um den Preis der „Substitution subjektiver Anstrengung durch entfremdete mechanische Prozeduren", und derlei Erzeugnisse glichen nicht selten „banausische[r] Bastelei": Er spricht von „Entkunstung der Kunst" durch „technologische[ ] Tendenz" (7, 93f./16, 659).

Eine Art Verwandtschaftsbeziehung zwischen dem *Fetischcharakter ästhetischer Technik* sowie dem *(schlechten) Schein* der Kunst steht dabei ebenfalls zu vermuten (in diesem Kontext dekliniert Adorno nun verschiedene dem ‚Fetisch' anverwandte Begrifflichkeiten durch):

> Der Widerspruch ist kein geringerer als der, daß Kunst heute wie stets ein Scheinen ist und daß doch das bloß Scheinhafte in ihr unerträglich wurde. Alle neue Musik laboriert daran, ob und wie weit es gelingt, ihn zu bewältigen. Die Ahnung eines Widerkünstlerischen am Moment des Scheins in der Kunst, die einmal in der Kritik sich anmeldete, die Adolf Loos am Ornament übte, ist heute bis zum prinzipiell ornamentalen Wesen von Kunst selber vorgedrungen. (16, 184)

Die allzu positivistische Rationalisierung des *legitimen* ästhetischen Schein(en)s hingegen reproduziere, in einer dialektischen Wendung, wiederum *(schlechte) Mythologie*, dessen dunkle Wiedergängerin: „Der Radikalismus, mit welchem das technische Kunstwerk den ästhetischen Schein zerstört, überantwortet schließlich dem Schein das technische Kunstwerk." (12, 70) Dieser manifestiere sich außerdem, zumal im kulturindustriellen Kontext, in der *(fortwesenden) Aura* des *Warenfetischs* (s.o.).

Der technisch „angedrehte[ ] Zauber" des „*Illusionären*" markiere gar den Sündenfall *ästhetischer Technik*: denn als Medium der „Kristallisation" käme ihr eigentlich zu, dafür zu sorgen, daß die künstlerischen Erzeugnisse nicht *bloßes* „Agglomerat von faktisch Vorhandenem" darstellten – darauf ließe sich der schlechte Schein dialektisch ja herunterbrechen (s.o.) –, sondern daß sie ‚transzendierenden' Gehalt transportierten, ohne ‚Effekthascherei' zu betreiben (7, 321f./16, 586[277]).

Wie zuvor im gesellschaftstheoretischen Kontext verweist Adorno dann jedoch auch im ästhetischen Zusammenhang, und erneut äußerst unerwartet, gewissermaßen auf den ‚Mehrwert' des Fetischcharakters der (ästhetischen) Technik. Dieser erst ermögliche seine – mit deutlich mehr Aufmerksamkeit bedachte – Kehrseite. – Mit Blick auf den Erwerb von (künstlerischer) Freiheit wäre die „Verselbständigung der Technik", die (scheinbar) einseitige Fixierung auf Fragen formaler Verfahrensweisen, „wohl unvermeidlich" – ansonsten obsiege der künstlerische Dilettantismus (N 1.2, 146).

---

[277] [Hervorhebung von mir.]

1. *Die Meisterschaft des Maestro*

Im avancierten Kontext der Musik zeige sich der ‚schlechte Schein' des Fetischcharakters *ästhetischer Technik* legiert wiederum mit seinem scheinbaren Widerpart: dem bisweilen übermotivierten Technizismus auch des *Virtuosen*. Wie kein zweiter inkorporiere dieser, *in persona* etwa des ‚Maestro', den selbstlaufenden Besen *ästhetischer Technik* (in seiner Verschränkung wiederum mit der ökonomisch–entfremdeten *zivilisatorisch/rationalen Technik*): „[D]er Virtuos, sei's der des Pults, der Stimme oder des Soloinstruments, [...] zelebriert [...] durch das, was auf dem Markt Spitzenleistung heißt, die Steigerung der technisch–industriellen Produktivkräfte; unbewußt werden Kriterien der materiellen Praxis auf die Kunst transferiert." (14, 313)

Zwar bescheinigt Adorno dem technisch–ausgereiftesten seiner Zunft, Arturo Toscanini, unerreichte „Präzision" – dies durchaus bewundernd (Adorno neigt ohnehin *seinerseits* zur Verklärung des ästhetischen Technizismus, s.u.): „Seine Aufführungen blitzten und funkelten, als wären sie verchromt; lückenlos fügten sich die Rädchen des Spielapparats ineinander, und ihr Abschnurren zauberte den Schein unausweichlicher Notwendigkeit hervor"; bereits die Rede vom „Monopolherrn des Orchesterwesens" jedoch läßt erahnen, worauf Adorno argumentativ abhebt: Toscaninis Verdienst gründe primär in der „kritischen Selbstbesinnung der Musik, welche empfindlich ward gegen die Verzerrungen der Werke durch die spätromantische Darstellungsweise" – gegenwärtig aber, so die These, hätte sich sein kunsthistorischer Auftrag überlebt, dialektisch sich bereits die Kehrseite „frischfröhlicher Versachlichung und blanken Funktionierens" aufgetan. Das Problem der in Toscanini kulminierenden „Versachlichungstendenz" wäre nunmehr das übermotivierte ‚Abschweifen' vom „Konstruktionsprinzip des Komponierten selber"; diese Tendenz verdeutliche auch seine performative Nähe zum ‚Bändiger der Orchestermaschinerie' (s.o.) (16, 52ff./57).

Den (scheinbar) allzu technischen Charakter der Verfahrensweise(n) Toscaninis unterstreicht dann insbesondere folgender, mit Emphase vorgetragener Passus – unter Variation freilich eben des Fetischismus– bzw. Verdinglichungstheorems:

> Diese Vereidigung auf den Apparat als Selbstzweck involviert in Toscaninis Reproduktionsweise ein Moment, das später dann verhängnisvoll auch im Komponieren hervortrat, die Vorherrschaft von Mitteln über Zweck, den Fetischismus. Musik wird unter dem Blickstrahl Toscaninis verdinglicht zum Fertigfabrikat. Mit den technischen Spannungen möglichen Mißlingens werden auch die unter der Oberfläche latenten der Komposition selbst beseitigt. Alles erscheint bis zur letzten Note so klar und distinkt, als könne man es keimfrei verpackt, aber getrost nach Hause tragen: an Stelle des interpretierten Werkes tritt sein Abguß in einer Kunststoffmasse.

Toscaninis Interpretationsideal ließe es also mangeln an Expressivität: „es fehlt ihr gleichsam das Leiden", wie sich der ‚technisch–aufgeklärte Romantiker' ausdrückt.

Zwar trachte Toscanini jenen Mangel habituell zu kompensieren (etwa als ‚Bändiger', s.o.); keinesfalls aber wäre er in der Lage „der Musik dorthin zu folgen, wo sie gerade nicht an der Kandare gehalten werden will" – Adorno neigt hier abermals zur Esoterik (16, 57ff.). Der ästhetische Tiefgang, die ‚stimmige Relation von Teil und Ganzem' – überhaupt bringt letztere Sprachregelung Adornos unverbindliche Vorstellung eines technisch–gelungenen Kunstwerks auf den Punkt – würde reduziert auf die „abstrakte[ ] Gegenwärtigkeit", verdinglicht, und der „wie am Fließband" erzeugten Musik die Option ‚organischer' Dynamik a priori entzogen.

Jener „Freude am bloßen Funktionieren" hefte daher an ein „Regressive[s]": Toscanini repräsentiere einen „vorkünstlerischen" Typus, der „im Kampf mit der Maschinerie nicht ermüdet und unterliegt" zwar, sie sich gar unterwerfe – nicht jedoch, ohne sich ihr dabei schlecht–mimetisch anzugleichen. Toscanini könne, in ‚militärischer Übersteigerung' gewissermaßen des maschinellen Prinzips, betrachtet werden als der personifizierte platonische „Regimentskapellmeister[ ]" (16, 62–65).

Seine „technokratische Feindschaft gegen den Geist" – Adorno wird nicht müde, gegen selbige zu polemisieren – bediene schließlich – in der ästhetischen Wendung der *pathologischen Revolte der Natur* kulminiert nun seine Argumentationslinie – das zeitgenössische Bedürfnis nach der „suggestionskräftigen Wiederherstellung eines bloß vorsubjektiven Standpunktes durch ein gewaltsames Subjekt": *Toscaninis Technizismus reagiere auf das Verlangen nach dem Surrogat einer vorerst noch verpönten „Führerpersönlichkeit"*[278]. – Jener mit dieser überzogenen Diagnose assoziativ–verschränkte „Sieg[ ] von Technik und Verwaltung über die Musik" – die Technik tritt hier in Erscheinung als Synonym der Technokratie – beschaffe den der ökonomischen Heteronomie preisgegeben Individuen, „als nun auch musikalisch Verwaltete[n]", ein zweifelhaftes Gefühl der Geborgenheit.[279]

Ein solch ausgeprägtes Bekenntnis zur *ästhetischen Technik* aber wäre zur selben Zeit nicht nur Toscanini anzulasten; auch dem jungen *Peter Hindemith* ließe eine „Stilgesinnung von maschinenhafter impassibilité und Ausdrucksfeindschaft" sich attestieren (16, 53/66f.). Zu nennen wäre darüber hinaus *Herbert von Karajan* – dieser allerdings verkörpere einen Sonderfall: „Indifferent gegen die Norm technisch stimmigen Komponierens", wäre er erlegen den schier unerschöpflichen „Möglichkeiten der technischen Reproduktion", und zwar aus ökonomischem Eigeninteresse, wie es heißt (19, 428).

Die im Maestro sich verdichtende Tendenz des Künstlers jedenfalls, „zum Instrument" sich umzumodeln, konterkariert Adorno dann anderweitig qua Zitation der ironischen Dystopie Valérys (s.o.):

> Ob [...] man vielleicht an Stelle des wunderlichen Wesens, das mit so weitgehend vom Zufall abhängigem Werkzeug sich behilft, dereinst einen peinlich in Weiß gekleideten, mit Gummihandschuhen versehenen Herrn in seinem Mal–Laboratorium antreffen wird, der sich an einen strikten Stundenplan hält, über streng spezialisierte Apparate und ausgesuchte Instrumente verfügt: jedes an seinem Platz, jedes einer bestimmten Verwendung vorbehalten? ... Bis jetzt freilich ist der Zufall aus unserem Tun noch nicht ausgeschaltet, so wenig als das Geheimnis aus der Technik, die Trunkenheit aus dem Stundenplan; aber ich möchte mich für nichts verbürgen. (11, 121f.)

---

278 [Hervorhebung von mir.]

279 Freilich stellt sich hier die Frage, wieso die ohnehin bereits Verwalteten erneut nach (rezeptionsästhetischer) Verwaltung streben sollen und dies auf derart drastische Weise.

2. „Robotermusik"

Erst die letzte Phase der Musik, in der gleichsam abgeschnitten und über den Abgrund des Verstummens hinweg das Subjekt durch die vollkommene Entäußerung seiner Sprache gerade sich mitteilt, rechtfertigt jene Kälte, die als mechanisch geschlossenes Funktionieren bloß zum Verderben taugte. (12, 113f.[280]*)*

Auch das Gegenstück jener virtuosen Subjektivität: die subjekt–ferne ‚Robotermusik' (Erich Itor Kahn) der späten[281] Zwölftontechnik, verdeutlicht für Adorno die problematische Verselbständigung *ästhetischer Technik*. Zunächst Synonym avancierter ästhetischer Produktion, konvergierten nun auch in ihr die „feindlichen Extreme der Materialgläubigkeit und der absoluten Durchorganisation."

Das insbesondere jener Kompositionstechnik wesensimmanente Moment des „Operationelle[n]" hätte die eigene „kritische Spitze" nunmehr ‚abgeschliffen' (s.o.); die bis dato gültige Korrespondenz jener elaboriertesten *ästhetischen Technik* wiederum mit dem avanciertesten gesellschaftlichen Bewußtseinsstand ließe sich nicht länger verzeichnen. Die im Begriff der *Autopoiesis* hingegen weiterhin angelegte Schnittmenge mit den „kybernetischen Bestrebungen der Wissenschaft" sowie mit der „industriellen Automation" wäre nunmehr allerdings pejorativer Natur (7, 286/16, 524/18, 132):

> Dem technologischen parti pris der zeitgenössischen Kunst sollte keiner mehr naiv sich überlassen; sonst verschreibt jene sich vollends dem Ersatz des Zwecks – des Gebildes – durch die Mittel, die Verfahrungsweisen, mit denen es hervorgebracht wird. Der Zug dazu harmoniert nur allzu gründlich mit dem gesamtgesellschaftlichen, weil die Zwecke, die vernünftige Einrichtung der Menschheit, verbaut sind, die Mittel, Produktion um der Produktion willen, Vollbeschäftigung und was daran hängt, zu vergotten. (7, 508)

Wenngleich Adorno seine Annahme, die „technischen Standards des Komponierens" regredierten (s.o.), nicht ausdrücklich auf die Zwölftontechnik bezieht, so kann seine Diagnose daher doch auch auf diese extrapoliert werden (s.o.) (18, 480). Als paradox wäre zu bezeichnen, daß gerade die atonale Vorhut der Neuen Musik: jene „stählerne Apparatur der Zwölftontechnik", wie es markant heißt, zur „alte[n] Wirkung mit neuen Mitteln" geraten sei; über Umwege nähere sie sich an der (schlecht–)„‚mechanische[n]' Musik" des Neoklassizismus – die sie an Sterilität sogar noch übertreffe (12, 100/15, 78).

Und gerade die signifikantesten Medien der Post–Tonalität: die „polyphonen Techniken" der *Imitatorik* und *Kanonik*, nähmen, ob ihrer sinnlichen Prägnanz, nur allzu leicht an den „Charakter des Mechanischen" (18, 77). Bereits in der sogenannten *Motorik* aber lägen dann die im späten musikalischen Konstruktivismus zutage tretenden Tendenzen verborgen; sie bereits trachte die individuellen musikalischen Vorkommnisse einzugliedern in eine „ununterbrochen stampfende Bewegung":

---

[280] [Hervorhebung von mir.]

[281] Der Ansatz, die ‚Zahlenspielerei' der sequenziellen Musik *toto generale* auf ihre ‚pythagoreischen Wurzeln' zu reduzieren, verkenne, „daß jede ihrer Rechenregeln einzig technologischen Forderungen des wachen Ohrs und der exakten Phantasie ihr Dasein verdanken" (17, 203).

> Das Prinzip ist dem des Perpetuum mobile aus dem 19. Jahrhundert und gewissen Spielformen aus dem 18. verwandt. Es unterscheidet sich aber von ihnen dadurch, daß hier, nach dem Fortfall der traditionellen harmonischen Bindemittel, der kontinuierlichen Bewegung allein formbildende Funktion zugemutet wird, und daß die Vorstellung des Maschinellen hereinspielt, die – jazzähnlich – die Zählzeiten starr fixiert und zugleich durch stoßweise, unregelmäßige Gegenakzente Abwechslung zu schaffen sich bemüht.

In einer ähnlich ironischen Volte dann wie später mit Blick auf die Zwölftontechnik aber wäre auch ihr Prototyp alsbald für ‚primitiv' befunden worden (18, 69). Die zunächst befürwortete Einhegung des subjektiven Faktors innerhalb der Neuen Künste – hier erreiche sie den kritischen Punkt „losgelassener, aber jenseits der Gebrauchswelt überflüssiger Technologie"; ein willkürlicher „Automatismus der Konstruktion" hielte Einzug (14, 380). Die Objektivität des „logische[n] Gerüst[s]" täusche meta–individuelle Verbindlichkeit jedoch lediglich vor; sie korrespondiere vielmehr der fragwürdigen „Objektivität der Maschine" (s.o.) (18, 256). – Der Ruf nach dem Korrektiv des Subjekts also wäre wieder statthaft: „Produktionen, die es aussparen, gleichsam technisch sich verselbständigen wollen, müssen am Subjekt sich korrigieren." (7, 69)

Selbst die mit der Neuen Musik „aufs engste Vertraute[n]" jedoch neigten zunehmend zur „bloßen technologischen Tatbestandsaufnahme" – anstatt den entlaufen(d)en Techniken „gelegentlich die Gegenrechnung [zu] präsentieren" (16, 201/18, 42). Freilich könnten sie oftmals auch gar nicht (mehr) anders:

> Der gesamte Problemkreis dessen etwa, was durch das Stichwort Elektronik angezeigt wird, bedarf einer Apparatur, über die kein Einzelner mehr verfügt. Je ernster und radikaler mit den neuen Materialien gearbeitet wird, um so tiefer reichen die technologischen Bedingungen in den Produktionsprozeß hinein. (10.1, 350)

Mit Blick auf *Berlioz* konstatiert Adorno daher, der „erste Techniker der Musik" wäre als erster auch „kein guter Musiker" mehr gewesen (unschwer zu erkennen die Anspielung auf das Diktum Rousseaus) (16, 232). Die „Irrationalität der rationalen Technik", sozusagen das begriffslose Endprodukt der von Max Weber auch der Musik zugeschriebenen Rationalisierung (s.o.), zeichne verantwortlich daher für den Bruch etwa *Schönbergs* mit ‚der Konstruktion' (12, 100). – Immerhin aber könne der Zwölfton–Konstruktivismus den selbst gestellten Anspruch technischer Eloquenz erfüllen: *George Antheil's* quasi–futuristische Oper *Transatlantik* hingegen erliege der Diskrepanz semantischer „Verherrlichung zivilisatorischer Technik"[282] – bei mangelnder Präzision *ästhetischer* (19, 181).

– Unter dem Strich jedoch bleibt zu verzeichnen, daß jenes der Zwölftontechnik eingeschriebene Moment eben des ‚Operationellen' die eigene ‚kritische Spitze' nunmehr ‚abgeschliffen' hätte und dem avanciertesten Bewußtsein somit nicht länger zugehöre. Auch deswegen schiene der Ruf nach dem Korrektiv der Subjekt–Instanz (wieder) legitim.

---

282 Der Begriff ‚*zivilisatorischer Technik*', wie er in vorliegender Arbeit Verwendung findet (als Synonym für die Real– bzw. Maschinen–Technik), ist dieser Textstelle entnommen.

3. Neue Sachlichkeit

Beide: subjekt–zentrierte Virtuosität wie subjekt–ferne ‚Robotermusik' wären prinzipiell zuzurechnen dabei dem kunstgeschichtlichen Paradigma einer *Neuen Sachlichkeit* (vom „expressionistischen Subjekt" verbliebe lediglich die „neusachliche Unterwürfigkeit unter die Technik") (12, 68). – Wiewohl Adorno etwa dem Minimalismus nicht abgeneigt ist, gerät die Neue Sachlichkeit, die kunsthistorische Antwort auf die radikalen und manierierten Blüten des Expressionismus (Dadaismus, Surrealismus), dementsprechend in den Strudel der zum Teil kulturkonservativen Diffamierungen Adornos; diese konstellieren, wie zu erwarten, zuvorderst um den Verdinglichungsvorwurf.

Der Surrealismus noch hätte auf dasjenige in den Menschen angesprochen, was die universelle ‚Sachlichkeit' der „technifizierten Welt" diesen versage; ‚das Bizarre und Groteske der surrealistischen Darstellungen' fungiere als Allegorie dessen, „was das Verbot dem Begehrten antat": „Wenn aber heute der Surrealismus selber obsolet dünkt, so darum, weil die Menschen bereits jenes Bewußtsein der Versagung sich selbst versagen, das im Negativ des Surrealismus festgehalten ward."[283] (11, 105)

Trotz allzu bereitwilliger Affirmation der *ästhetischen Technik* – Adorno selbst entzöge sich jenem Vorwurf nur mit Mühe – könnten die neusachlichen *Sujets* dem eigenen, ‚realitätsgerechten' Anspruch aber kaum genüge leisten (s.o.):

> Neue Sachlichkeit? – nun ja, aber ohne Sachen. Denn deren Gegenstand wäre einzig der Mechanismus von Produktion und Reproduktion der Waren; die Herrschaftsapparatur derer, denen die Produktionsmittel gehören [...]. (19, 180)

Ebendieser Kritikpunkt Adornos vermag kaum zu überraschen – tut es aber insofern, als daß ja gerade seine eigene ästhetische Programmatik die explizite Sozialkritik ablehnt.

(Sozial–)Psychologisch subordiniert er die neusachliche (Über–)Betonung des Mittels dabei dem zur Pedanterie neigenden ‚mittelständischen Analcharakter'; *Richard Strauss* verkörpere einen diesem entwachsenen „großen Industriellen" (16, 565). Speziell im musikalischen Kontext wäre das wesentliche Merkmal des neusachlichen Attizismus dabei die nahezu vollständige „Eliminierung aller Ausdrucksmomente" (s.o.), die quasi–kubistische „Reduktion auf bloßes Spiel unter Rückgriff auf die gegen *Wagner* gerichtete Lehre *Hanslicks* von der tönend bewegten Form". Repräsentatives Beispiel einer neusachlichen Komposition – dessen „aggressiv–antiromantische[r]" Charakter verneine individuellen Stil[284] – wäre *Strawinskys Concertino für Streichquartett*; selbiger hätte das Werk performativ nicht ohne Stolz verglichen dem „Schnurren einer Nähmaschine" (18, 63).

---

[283] Daß sich, wenngleich kurzlebig, das Erbe des Surrealismus gegen Mitte der 1960er–Jahre popkulturell erneuert, wird von Adorno weitgehend ignoriert (dazu später mehr). Sachwalter jenes Erbes scheint ihm lediglich die hochkulturelle ‚Absurdität' Beckettscher Provenienz.

[284] – Irritierend nur, daß Adorno später selbst den ‚Stil' des individuellen Künstlers *in toto* diffamiert als mißlungene *ästhetische Technik* (s.u.).

II.b) Deskriptiv/affirmative Konstellation

Angesichts dargelegter Konstellationen, welche die *ästhetische Technik*, die formgebende „Realisierung jenes Inwendigen", bei Adorno eingeht, verwundert es *prima facie*, daß sie im Kontext seines Gesamtwerks dennoch über alle Maßen affirmativ in Erscheinung tritt (freilich beschränkt auf den penibel–abgezirkelten Geltungsbereich ‚ernster' Kunst). Die grundsätzlich positive Wertung der *ästhetischen Technik* macht sich bemerkbar dabei allein aufgrund der allgegenwärtigen *umgangssprachlichen* Einbindung der künstlerischen Technik, etwa in den unzähligen Konzert–Kritiken Adornos.

So wäre es gar nicht erst möglich, „künstlerische Phänomene" überhaupt zu thematisieren, werde nicht je das Spektrum technischer Details in den Fokus gerückt (16, 229/551). Nicht nur hinterließe jedes relevante Werk ‚Spuren' in der jeweils etablierten Formsprache einer Epoche; aufgrund der vergleichsweise jungen Begriffsschöpfung künstlerischer ‚Technik' wäre es gar „Bestimmung des Modernen", diesen nachzueifern (freilich nicht im Sinne banalen Epigonentums) (7, 59).[285] Zwar würde die künstlerische Technik heute „verlästert" oftmals mit dem Vorwurf des *l'art pour l'art*, und es wäre nicht unüblich, die semantische Ebene ihr als autonome Instanz identitätslogisch zu kontrastieren; diese Sichtweise jedoch verkenne, daß sie a priori abhebt vom abstrakten Bild *schlechter* Technik (18, 204).

Die „technologische[n] Kraftfelder" der Werke wären dabei nicht lediglich Gegenstand, sondern *conditio sine qua non* gewissermaßen der Kunstphilosophie; die jenen Feldern innewohnenden „Spannungen" firmierten als Indikator von Wahrheit und damit auch der Interpretation: „[T]echnische[ ] Probleme" könnten nicht separiert werden von der „Wahrheit des Gehalts" (16, 145/19, 580). Ausschließlich in den ‚Zentren der Komplexion' eines Werkes könne sein Sinn gestellt werden, und zwar nicht lediglich als ‚bloß Gemeintes'.

Die Verhandlung der Technologie als Synonym formaler und damit auch inhaltlicher *Stringenz ermöglicht Adorno somit – dies hat sich im Kontext jener ‚musiko–technologischen Kontrolle der soziologischen Analyse' bereits abgezeichnet – die Überwindung des gängigen Relativismus in der Bewertung von Kunstwerken sowie, daraufhin, deren* Hierarchisierung (so die überaus heikle Konsequenz seines Ansatzes): „Die automatisch einschnappende Phrase, Technik zwar erlaube kategorisches Urteilen, nicht aber Kunst selbst und ihr Gehalt, trennt diesen von der Technik dogmatisch." (7, 419) Gehalt und Technik wären sowohl „identisch" – nur das im Werk Realisierte zähle – als auch „nicht–identisch"; das Kunstwerk käme zu sich selbst allein aufgrund der transzendierenden „Spannung von Innen und Außen" (16, 229).

Der in den technischen Kraftfeldern aufzufindende Gehalt jedoch liege dort nicht *statisch* „beschlossen"; die ‚Einheit von Erscheinung und Gehalt' manifestiere sich (auch) im *Prozeß der Erstellung* eines Kunstwerks – der subjektive Faktor wird hier miteinbezogen –, welcher eben die Technik selbst wäre (18, 42). – Gerade des-

---

[285] Dennoch vermutet Adorno als *Movens* einer potentiell beliebig–erlernbaren und modifizierbaren Technik „Unstimmigkeit vorm gestellten Problem" (objektiv) sowie „bloße[n] Geschmack an Stelle kontrollierbarer Gefügtheit" (subjektiv). – Dabei steht diese Aussage in Opposition zu jener anderweitig vorgetragenen Kritik des ‚Stils' sowie zum angedeuteten Postulat der Modernität.

halb wäre die fetischistische Verselbständigung auch der Kunst–Technik nicht lediglich pejorativ zu deuten (s.o.); es wäre ihr „legitimes Eigenleben“ von dem alle weiteren, lediglich analytisch zu scheidenden Instanzen eines Werkes profitierten (7, 321).

Zwar räumt Adorno ein, die Kunstwerke wären im Gegenzug nicht auf die Summe ihrer Verfahren, auf *bloße* Technik, zu reduzieren (er ergreift entschieden Partei sowohl für den technischen Fortschritt in der Kunst als auch für deren formal/technische Analyse – ohne diese zu verwechseln je mit ihrer positivistischen „Verwissenschaftlichung“, s.o.); den bereits angesprochenen Hang zum ästhetischen Technizismus jedoch kann er nicht gänzlich abstellen. Ihren Gehalt nämlich realisierten die Werke nur insoweit, als daß er sich in ihnen auch konkret sedimentiert, und dies gelinge: „einzig kraft des Inbegriffs ihrer Technik“ (7, 94/420).

Bereits der ‚authentische‘ Charakter der traditionellen Werke, wiewohl nur begrenzt in Kenntnis der eigenen Verfahrensweisen, wäre gegründet auf „technischer Durchbildung“ (nicht jedoch in dem Maße, daß die neuzeitliche „Technologie“ die überlieferten Verfahren dann nicht hätte ‚sprengen‘[286] können) (7, 95). Schon weil die antike Verschränkung von Technik und Kunst den etymologischen Zufallscharakter der gegenwärtigen Äquivokation *zivilisatorisch/rationaler* und *ästhetischer ‚Technik‘* dementiert, käme die Kunst nicht umhin, sich offen zu bekennen zur reflektierten „Materialbeherrschung“ (s.u.) (7, 316).

Der ‚Ernst‘ *ästhetischer Technik* dabei liege in ihrer Bestimmung, innerhalb von „Schemata des Bekannten“ bis dato Inexistentes zu kreieren. Diese Ernsthaftigkeit nehme exponentiell zu, sofern die im Kunstwerk sich abzeichnende universelle Entfremdung – also auch: die Entfremdung (von) der zweckwidrig installierten *zivilisatorisch/rationalen Technik* (s.o.) – ebenfalls Bestandteil ihrer (ästhetischen) Technik wäre (12, 126).

II.b)α Ästhetische „Materialbeherrschung“

Kunst ist die Dialektik zwischen dem formsetzenden rationalen Prinzip und dem mimetischen Impuls. Diesem verhilft sie zu dem Ihren mit Mitteln der Technik, mit rationalen Verfahrungsweisen. Sie vertritt die unterdrückte Natur allein kraft dessen, was sie in der Beherrschung von Natur ausgebildet hat. (16, 619[287])

Der zuvor in erster Linie noch skeptisch verwendete (Zentral–)Begriff der *Naturbeherrschung* nach Francis Bacon taucht nun im ästhetischen Kontext wieder auf, und zwar als primär *affirmativ* besetzte ‚*Materialbeherrschung*‘ – die gesellschaftliche ‚Vorbildfunktion‘ der Kunst, wie sie unten dann kulminiert, zeichnet sich erneut ab. Nicht umsonst impliziere die „griechische Bedeutung des Wortes Technik“ deren einstmalige Verschränkung mit der Kunst, wie sie wiederum dem Handwerk zugerechnet wurde (16, 229).

Auch hier wieder läßt sich dabei der Einfluß Max Webers aufzeigen, etwa anhand der Formulierung von der „fortschreitende[n] Beherrschung des Materials“ – diesem zufolge zu konstatieren auch für den Bereich der Musik (s.o.) (20.1, 312).

---

[286] Zum verwendeten Vokabular vgl. auch unteres Kapitel zum *Jargon des Verbalradikalismus* (S. 102f.).

[287] [Hervorhebung von mir.]

Die angenommene (ursprüngliche) Analogie der künstlerischen Materialbeherrschung mit der profanen Naturbeherrschung etwa des Handwerkers bekräftigt dann insbesondere jene affirmative Bezugnahme auf Valérys Reflexionen über den Typus des Künstlers (s.o.): „Bisweilen kommt mir der Gedanke, die Arbeit des Künstlers sei eine Arbeit noch ganz urtümlicher Art; der Künstler selber etwas Überlebtes; zu einer im Aussterben begriffenen Klasse von Arbeitern oder Handwerkern gehörig, die unter Anwendung höchst persönlicher Methoden und Erfahrungen Heimarbeit verrichtet; im vertrauten Durcheinander ihrer Werkzeuge lebt, blind für ihre Umgebung, nur sieht, was sie sehen will; die zerschlagene Töpfe, häuslichen Eisenkram und sonstiges überzähliges Zeug ihren Zwecken dienstbar macht" (11, 122).

Die Verfahrensweisen der ästhetischen Sphäre waren, schenkt man Adorno Glauben, ja ohnehin gar nichts „Höheres und Feineres" als die realtechnischen Verfahrensweisen. Obschon dies nicht *vice versa* gelte, so seien doch sämtliche ‚Fortschritte' der ästhetisch/kulturellen Sphäre ebenfalls solche „von Materialbeherrschung, von Technik" (10.2, 634). Und in beiden Fällen, handele es sich nun um die materiale Konstruktion oder aber um die ästhetische, würde die Möglichkeit überhaupt erst der *Beherrschbarkeit* des jeweiligen Materials rational präjudiziert.

Im Zuge der weiteren historischen Verortung der Begriffsschöpfung *ästhetischer Technik* dann spricht Adorno auch explizit von „ästhetische[r] Naturbeherrschung" (welche mit Beginn der Moderne zu Bewußtsein ihrerselbst gelangt sei). So wäre, etwa im Kontext der musikalischen Noten–Reproduktion, der jeweilige Interpret immer zugleich kommensurabel einem ‚Dompteur' (s.o.) (7, 94).

Der Begriff *ästhetischer* Naturbeherrschung ist dabei ähnlich komplex konnotiert wie sein zivilisatorisch/rationales Pendant: In *Variété* und *Impressionimus* (s.o.), aber auch in der positivistischen „Kunst der integralen Abbildlichkeit" wäre die Verwendung industriell–motivierter Verfahrensweisen zumindest partiell Selbstzweck im Sinne „reine[r] Naturbeherrschung", d.h. primär pejorativ zu deuten (3, 34/309). – In anderem Zusammenhang, mit Rekurs auf die von Kant und Schiller geprägte Kategorie des *Spiels*, umschreibt er die Differenz legitimer und zu negierender ästhetischer Materialbeherrschung folgendermaßen – das von Adorno tendenziell vernachlässigte[288] Moment des *Gefühls* wird dabei ‚ins Spiel' gebracht:

> Zum *Gefühl* der Naturbeherrschung gehört, daß nicht die Fähigkeit bloß der Aufgabe gleiche sondern ihr überlegen sei. Denn sonst ist es wirkliche Naturbeherrschung und nicht deren Rückkunft als Spiel. Hier öffnet sich ein Spalt in die Metaphysik – und die Rettung – des virtuosen Elements. Denn es ist nicht einfach Naturbeherrschung als Herrschaft über Material und Spielmechanismus, sondern indem mit jener Beherrschung, vermöge ihrer Vollkommenheit, gespielt wird, verliert sie die Gewalt, den Ernst, wird zu Imagination und dadurch versöhnt: Herrschaft über Natur erscheint ‚natürlich', wird ihrer selbst als Natur inne. (N 1.2, 172f.)

Im Falle der (hier affirmativ konnotierten) virtuosen Umsetzung vorgegebener autonomer Kunstwerke würde dem Material im Idealfall also – ‚spielerisch' und expressiv–grundiert – mehr an technischem Aufwand zugebilligt, als ursprünglich benötigt: Erst dieser vom ‚freien Spiel der Einbildungskraft' in die Wege geleitete *Sur-*

[288] Vgl. S. 125f.

plus ästhetischer Materialbeherrschung, so eine mögliche Interpretation, höbe dann, ganz im Sinne Schellings, die herrschaftliche „Trennung von Bild und Zeichen“ auf (3, 36). Mittels dieser „Totalität“ – sie transzendiere jenen bisweilen „totalitären“ Charakter des Rationalismus eben qua ästhetischer *Übersteigerung* des identitätslogischen Prinzips[289] – beanspruche die technisch–vollkommene Kunst die „Würde des Absoluten“ (3, 35/48).

„Andererseits“, gibt Adorno zu bedenken, verdeutliche das Beispiel der „perspektivischen Technik“ in der Malerei, daß „das Beste“ jener Werke eher „in *un*vollkommener Materialbeherrschung“ generiert worden wäre – dies allerdings gelte lediglich für die Phase der avantgardistischen *Etablierung* einer bestimmten Technik, für das charismatische „Zum ersten Mal“: „ein jäh Erscheinendes, das zergeht, sobald es technisch disponibel wird.“ – Jedenfalls wären „Fortschritte der Materialbeherrschung in der Kunst“ – als solche immerhin Fortschritte der *genuinen* Materialbeherrschung (s.o.) – nicht unmittelbar identisch mit dem „Fortschritt der Kunst selber“ (10.2, 634[290]).

Die Künstler zeigten sich dabei determiniert durch die Technik, wie diese es wäre von ihrem ‚natürlichen' Material; die Beherrschung wiederum der *Technik* erfordere „unbeschreibliche Anstrengung“ (18, 319). Jeder neuen Generation aber entwüchsen die „auf den Stand der Technik ansprechen[den]“ Produktivkräfte – die sie, bewußt oder unbewußt, aufgriffen und weiterentwickelten (7, 287). Nicht zuletzt aufgrund ebendieser Symbiose von individueller Produktivkraft und Technik hätte die je verwendete *ästhetische Technik* „Schlüsselcharakter“ zum Verständnis der Kunst: Sie leite „ins Innere der Werke“ und verweise gerade darauf, daß sie „von Menschen gemacht“ (7, 317).

Daß Adornos legitime Wertschätzung des technischen Fundaments der Kunst nichtsdestotrotz, darauf ist bereits mehrfach hingewiesen worden, immer wieder dazu tendiert, in programmatischen Formalismus abzugleiten, verrät auch seine anderweitig formulierte Skizze der Relation von Künstler und Instrument (bzw. Material). Dieser zufolge nämlich könne der Artist, im Sinne etwa einer ‚spiegelverkehrten Organprojektion', tituliert werden wiederum als „verlängertes Werkzeug“ (und zwar durchaus in affirmativem Sprachgebrauch): *Technik und Material* motivierten *die Triebfeder Phantasie vielmehr erst (7, 249).*[291]

1. Technik vs. Stil

Wie bereits angedeutet ist es Adorno von Wichtigkeit, die spezifische Technik des individuellen Künstlers zu scheiden vom oftmals synonym verwendeten Begriff des *Stils*[292]; letzteren nämlich verwirft er in Bausch und Bogen: Das fetischisierte bür-

[289] Vgl. hierzu insbesondere unteres Kapitel zum *Eingedenken der Natur (im Subjekt)* (S. 118ff.).

[290] [Hervorhebung von mir.]

[291] Den disparaten Charakter der Technikphilosophie Adornos jedoch bezeugt – abermals – das nicht zu verleugnende Desiderat systematischer Überlegungen eben zum (Musik–)Instrument des Künstlers (s.o.).

[292] Auch das „Stilisierungsprinzip“ findet lediglich pejorative Verwendung im Wortschatz Adornos: im nicht–ästhetischen Kontext etwa als Ursache der ideologischen Fixierung des Standes der Technik (wie sie, diese Feststellung ist nicht nachvollziehbar, etwa das Stilisierungsprinzip–*Maschine* gegenüber dem *Werkzeug* bewirkt hätte) (20.2, 658).

gerliche Konstrukt wäre nicht geeignet, mehr denn bloße Fassadenphänomene zu begreifen – allenfalls mit Bezug etwa auf den oberflächenverhafteten Barock noch bewiese es analytische ‚Tiefenschärfe'. Auf der Folie des Postulats „technischer Konsequenz" entpuppe sich die etwaige stilistische Autarkie zumeist als der Willkür geschuldeter „technisch erweislicher Fehler" (17, 205). Als Stätte des Geistes in den Werken ließe sich nach wie vor deren technische Umsetzung bestimmen (s.o.); der „Stilbegriff" wäre demgegenüber lediglich vorgeschoben. Schon Beethoven hätte die „Relevanz technischer Mittel" dem ‚unverwechselbaren' Stil des *genius* entgegengesetzt (10.1, 198/415). Gegenwärtig reflektiere der Primat technischer Vorgehensweisen – darin liege der ‚gesellschaftliche Stachel' der Neuen Musik – die (anderweitig verworfene) spätmoderne „Abdankung des Subjekts"; die ‚Sprachlosigkeit' in Folge dessen motiviere jene Technikaffinität in zweiter Potenz (14, 378).

„Expressivität", diese an sich will Adorno ja keineswegs eskamotieren, könne vom technischen Moment jedoch nur gewaltsam separiert werden; auch die Technik – hier verbleibt er im gewohnten Modus abwägender Argumentation – hätte sich ohne das Bedürfnis der *Poiesis* kaum jemals konstituiert (16, 449). Ein „idiomatische[s] Residuum" verbliebe, wie Adorno einbekennt, das nicht technologisch reformuliert werden könne, und welches sich dem ansonsten bei ihm vorwaltenden Nichtidentitätsparadigma letztlich fügt (15, 345). – Wenngleich die Tendenz zum ästhetischen Technizismus überwiegt: *Durch die Hintertür bringt er den Stil – verstanden als technisch–irreduzibles Quantum an Subjektivität – letztlich also doch wieder ein* (unabhängig von jenem der Technik ohnehin zukommenden Moment an Expressivität).

Die formale Bestimmung ebenjener Charakteristika einer spezifischen Technik – besagte „technologische[ ] Analyse" – aber dürfe nicht verwechselt werden wiederum mit jener der „Stilidee" korrespondierenden, historisch verfahrenden Deskription „durchgängiger Gattungseigenschaften", sondern – hier wird Adorno vergleichsweise konkret – als (an Benjamin bzw. Leibniz gemahnende) *„mikrologische Einsicht" in „unvertauschbare Gesetzmäßigkeit[en]"* (10.1, 412[293]). Der mikrologischen Betrachtungsweise erschlösse sich dabei dialektisch die gesellschaftliche Makroebene, insofern die Technik, dieser Gedanke ist von Bedeutung, immer auch den verbindlichen „Stand der Produktivkräfte" in sich berge – ästhetisch wie gesellschaftlich –; dieser sozialisiere den etwaigen Solipsismus des Künstler–Subjekts (14, 419).

Die *ästhetische Technik*, dies mag zunächst verwundern, wäre (daher) nichtsdestotrotz gekoppelt auch an die Biographie des individuellen Künstlers. Unter Rückbezug auf seinen kompositorischen Mentor Alban Berg erläutert Adorno, daß speziell der *normativ/utopische Gehalt* eines technisch–gelungenen Kunstwerks (s.u.) seine Dynamik beziehen könne gegebenenfalls aus problematischen Lebensumständen: „Es war, als wolle die technische Veranstaltung im Werk wieder einbringen, was das Leben verweigert: Bergs Musik [...] sucht nach dem Generalnenner von Expression und Konstruktion, verbindet den Schock des Chaotischen mit dem Rausch des Klingens, autobiographische Geheimnisse mit durchgeplanter Architektur." (13, 356)

---

293 [Hervorhebung von mir.]

Die Überlegung H. Gutmans jedenfalls, daß „„die zusammenklangliche Faktur einer Musik doch schließlich nur ein kompositionstechnisches Moment bedeutet", und es fraglich sei, „ob oder inwieweit ein technischer Befund Rückschlüsse auf die künstlerische Gesinnung zuläßt'", behält, entgegen der Auffassung Adornos, jedoch gewisse Plausibilität: Man muß kein Verfechter der Genie–Konzeption sein, um das entgegengesetzte Extrem auch einer nur annähernd ‚berechenbaren' Kunst zumindest für problematisch zu befinden. – Selbstverständlich ist Adorno im Recht, wenn er festhält: „Von einer Musik ist uns aber nichts anderes sicher gegeben als ihre materiale Beschaffenheit; nichts, was sich nicht den Kategorien der ‚Technik' schließlich einordnete"; daß sich ein Kunstwerk aber keineswegs allein formal erschließt, darüber sollte gerade er sich im klaren sein – was er zumeist ja auch ist (s.o.). – Es müßte also ‚mit Adorno gegen Adorno' gedacht werden, um dem ‚über sich hinaus weisenden' bzw. ‚nichtidentischen' Aspekt auch der Kunst–*Technik* bisweilen stärkere Beachtung zu schenken (ohne ihm zu willfahren).

Der springende Punkt aber scheint zu sein hier Adornos eigenwillige Konzeption *ästhetischer Technik*: Er weist daraufhin, daß nur deren „veraltete[ ]" Auffassung die Technik als „beliebig Erlernbare[ ]", „von der materialen Konstitution des Gebildes Ablösliche[ ]" setzt (s.o.). Ein solches, falsches Technikverständnis vorausgesetzt, könnten „außertechnische Momente" am Kunstwerk überhaupt erst bemerkt werden, die sich der formalen Tradition, dem überlieferten „Kanon der Technik" dann entzögen – etwa als ‚unverwechselbarer Stil'. *Seine* Konzeption der Technik hingegen, deren (nebulös–abstrakte) Bestimmung als „Gesetzmäßigkeit des Gebildes in sich", ermögliche demgegenüber die skizzierte Inklusion jener ansonsten lediglich vom Stil–Begriff implizierten Expressivität (18, 99).

– Es ließe sich also summieren, daß sich für Adorno individueller künstlerischer ‚Stil' zumeist als technischer Mangel entpuppt; er spricht gar von der (ästhetischen) ‚Abdankung des Subjekts', welche sich in der Suprematie technischer Verfahrensweisen manifestiere. *Nolens volens* bringt er den Stil jedoch erneut ins Spiel, und zwar als technisch–*irreduzibles* Quantum an Subjektivität. – Die Deskription der Wesensmerkmale einer spezifischen technischen Verfahrensweise – jene ‚technologische Analyse' – aber dürfe nicht verwechselt werden dabei mit der historisch angelegten Bestimmung ‚durchgängiger Gattungseigenschaften'; sie könne benannt werden vielmehr als ‚mikrologische Einsicht in unvertauschbare Gesetzmäßigkeiten'. Dieser Betrachtungsweise erschlösse sich dabei dialektisch die gesellschaftliche Makroebene – einschließlich des gegenwärtigen Standes der Realtechnik.

II.b)β *Musik und Technik*[294]

Als repräsentatives Beispiel gelungener *ästhetischer Technik* wird von Adorno angeführt insbesondere die avancierte Musik des frühen 20. Jahrhunderts: die sogenannte Neue Musik. – Stünde der musikalische *Impressionismus* noch an der Schwelle zur

[294] Adornos Aufsatz zu *Musik und Technik* (1958) (16, 229ff.) – immerhin eine der drei kurzen Veröffentlichungen zum Thema ‚Technik' – entpuppt sich als weit weniger ergiebig, als der Titel es zunächst vermuten läßt. Die vorgebrachten Überlegungen sind darüber hinaus, soweit überhaupt relevant, zumeist bereits zur Sprache gekommen bzw. werden im Folgenden thematisiert im Verbund mit anderen relevanten Stellen des Adornoschen Gesamtwerks.

Neuen Musik – er vollstrecke das Gebot der Modernität anhand traditioneller Mittel (s.o.) –, so könnten den anerkannten Schulen Neuer Musik zugerechnet werden der musikalische *Expressionismus*, besagte *Neue Sachlichkeit*, die sogenannte *Gemeinschaftsmusik*, der musikalische *Neoklassizismus*, jener (Zwölfton–)*Konstruktivismus* sowie der radikale *Folklorismus*.

Dem Fundus an neuen Techniken wäre dabei *in concreto* zuzuordnen, was *Schönberg*, *Strawinsky* oder auch *Bartók* in ihren Werken je verfolgten: die Überwindung der hinfälligen *codes* der okzidentalen Musik, ihrer von der Dur/Moll–Tonalität geprägten ‚Sprache'. Jener „technische[ ] Tatbestand" der Erneuerung vormals tradierter Formen impliziere überdies die fortschreitende Entfremdung vom rituellen Ursprung der Musik, zu erkennen ehedem an Strukturelementen wie Strophe, Vers, Reim:

> Der Prosacharakter der neuen Musik ist notwendiges Endprodukt der musikalischen Säkularisierung. Sie wäre zu apperzipieren, wie man Prosa liest und nicht Gedichte: indem man sich dem Verlauf überantwortet, ohne auf sinnfällige Symmetrien zu lauern. (15, 199)

Auch die Werke *Edgar Varèses* stellten unter Beweis, wie die „Erfahrung einer technifizierten Welt" musikalisch–angemessen gemeistert werden könne – ohne ins Kunstgewerbliche abzugleiten oder aber dem gegenteiligen Extrem eines bereitwilligen Wissenschaftspositivismus zu erliegen (14, 159). Bevor sich an die ‚absolute Konstruktion' der Zwölftontechnik (s.o.), zumal der elektronischen, aber überhaupt habe denken lassen, hätten *Alfred Kreneks* dem Dadaismus abgerungene Frühwerke bereits gelebt den ‚Traum' vom „technische[n] Kunstwerk" (17, 111).

Neben ihrer offenen Form gelte es hervorzuheben dann insbesondere den *dissonanten* Anteil der Neuen Musik, wäre es daran gelegen, zu korrigieren die (zu) undifferenzierte Diagnose eines *affirmativen Charakters der Kultur* (Herbert Marcuse). Jenes der Moderne paradigmatisch zurechenbare Reiz/Reaktionsschema des *Schocks* fungiere als konstitutiver Bestandteil auch der Neuen Musik, und darin liege verkapselt ihr ‚gesellschaftlicher Stachel': Jene punktuell–übersteigerte Variation des Erhabenen sublimiere die empfundene „Nichtigkeit" in Anbetracht der „Riesenmaschine des ganzen Systems" (s.o.). Die „technischen Errungenschaften" im Bereich der Musik ließen sich deduzieren aus einem „‚neuen Lebensgefühl'" – Produkt wiederum des gesellschaftlichen Strukturwandels im Gefolge der Industrialisierung (12, 144/14, 421).

Etwa in seinem *Versuch über Wagner* (13, 68ff.) dann unternimmt Adorno die technologische Verortung auch nicht unmittelbar der Neuen Musik zugehöriger, avancierter Kompositionen: Dahingehend entlarvt er eben *Wagners* „Phantasmagorie[n]" als „Wunderwerke[ ] der Technik" wider Willen, auch semantisch. Seine ‚technische Vision' des Gesamtkunstwerks jedoch wäre nur vordergründig Gegenentwurf zum Biedermeier–Genre (13, 82/87). – Die marktkonforme Haltung *Richard Strauss'* hingegen wäre abzulesen eben an der „technischen Prägung" seines Gesamtwerkes; ganz im Sinne des von Marx und Weber bezogenen Deskriptivitätspostulats hätte er das Prinzip der Konkurrenz ‚nach außen gestülpt'. – Daß sich die moralische Wertung dessen für den marxischen Ansatz, implizit, dennoch von selbst versteht, verdeutlicht dann abermals die sich anschließende Feststellung, „[d]ie Immanenz jener gesellschaftlichen Kategorie im Werk jedoch [werde] schließlich zum technischen Mangel, zu fehlender Achtung vor dem, wohin das Gefüge von sich aus möchte."[295] (S.o./16, 566f.) – Und wenngleich Adornos Aussagen bezüglich der Kunst–Technik *für sich genommen* den Befund einer Überbetonung des technischen Moments zulassen; der bei *Beethoven* vernommene Nexus von Technologie und Metaphysik schließlich erweist sich als wohl austariert: „Ihm gelingt die metaphysische Substantialität der Kunst dadurch, daß er die Technik zur technischen Herstellung von Transzendenz benutzt" – wohingegen das „metaphysisch Unwahre" sich als das „technisch Mißratene" erwiese (7, 195/N 1.1, 120).

Die umstandlose Weiterverwendung der althergebrachten Verfahrensweisen in der Kunst(musik) jedoch gerate zusehends in Widerspruch selbst zum eigenen, bewahrenden Anspruch; sie wären, aufgrund der historischen Besinnungslosigkeit gegenüber dem eigenen Stoff, verdinglichten industriellen Arbeitsgängen durchaus kommensurabel. Auch in den traditionellen Verfahrensweisen der zeitgenössischen Komponisten sedimentiere sich daher das etwaige ‚Ende des Subjekts' – ob sie wollten oder nicht: Ihre spezifische Produktivkraft ginge eine Art Symbiose ein mit dem gültigen Stand der Technik (s.o.). Nicht erst „[a]ls Techniker", wie Adorno mit Blick auf Niels Lyhne anmerkt, verdinge sich der Kunstschaffende zur „Kontrollinstanz seiner Sensibilität" (10.1, 198).

Wenngleich er diesen einseitig verabsolutiert, verdeutlicht das Bild dann des ‚Kopf–hörers' die *rezeptionsästhetische* Komponente gewissermaßen des spezifischen *Adornoschen* Technikfetisch: „[D]em, dessen Ohr mitdenkt, sind die einzelnen Elemente des Gehörten meist sogleich als technische gegenwärtig, und in technischen Kategorien enthüllt sich wesentlich der Sinnzusammenhang." (14, 182) Die Neue Musik präsentiere sich dahingehend als Unterfangen der schockhaften Durchstoßung der „anthropologische[n] Schallmauer" gängiger Hörkonventionen (freilich mit soziologischem Hintergedanken, s.o.) (16, 490). – Jene Musik genügt Adornos Postulat (passiven) ästhetischen Widerstandes gegenüber der wuchernd–heteronomen Zweckrationalität aber auch insofern, als sie die handgreiflichen „Techniken der verwalteten Welt" zweck–entfremde; der quietistische Rückzug in eine idyllisierte Natur jedenfalls wäre nicht lediglich allegorisch begleitet „vom Lärm der Flugzeuge" (17, 180).

Dementsprechend könne es kein (geographischer) Zufall sein, daß die quasi–mathematischen Techniken der Neuen Musik (wie auch der logische Positivismus, s.o.) im vormals technologisch–rückständigen Wien aufgekommen seien. Innermusikalisch verlängere sich dieser kompensatorische Mechanismus wiederum in der Relation des praktizierenden Subjekts zur musikalischen Technifizierung: Die „Erfindung vieler technischer Prinzipien und Systeme der letzten vierzig Jahre" wäre *ex post* zu deuten als „Versuch, die Disproportion zwischen dem objektiven Stand der Musik und dem, was ich lax subjektive Musikalität nennen möchte, auszugleichen." (17, 258)

Die selbstreflexive Abmilderung der identitätslogischen ratio erfolge dabei auch mittels der modernistisch–entgrenzten *Interdisziplinarität*[296] (der Gegenwarts-

---

[295] [Original im Indikativ.]

[296] Interessanterweise berührt sich der ästhetische Modernismus in diesem Punkt mit dem gegenteiligen Extrem *post*–modernistischer ‚Disziplinlosigkeit' (Birgit Recki).

kunst) (s.u.): Die neuen musikalischen Techniken wären inspiriert durch die „Konstruktion[en]" der Malerei und verfügten über Strahlkraft wiederum auf die Literatur (Adorno hat hier im Blick die Prosa Hans G. Helms'): „Einleuchtend lassen gerade in neuerer Zeit die Techniken der verschiedenen Künste sich in Beziehung zueinander setzen: [...] die Emanzipation der Farbe bei Berlioz zu der bei Delacroix; die impressionistische Malweise zu der kompositorischen von Debussy; Strauss zur deutschen Jugendstilvariante des Impressionismus; schließlich Webern zu Klee und in anderer Hinsicht zu Mondrian." (10.1, 432/16, 127)

Wie bereits angedeutet erweist sich das ‚In–dividuum' Adorno dann doch als unersetzlich, im Zusammenhang etwa der reproduktiven Belebung der Notenschrift: Das von ihm idealisierte *Neumische* (die affirmative *Mimesis* im Bereich der Musik), wäre die *vom Individuum* vollzogene Synthese aus dem *Mensuralen* (dem ‚chemisch–Reinen') und dem *Idiomatischen* (dem ‚Irrationalen') der musikalischen Reproduktion. – Nichtsdestotrotz räumten die neuen Techniken auf im Gegenzug mit der antiquierten Vorstellung des ästhetischen Solipsismus (s.o.): In den (gesellschaftlich grundierten) „fensterlosen Monaden" *ästhetischer Technik*, wie es mit Leibniz heißt, reife heran, was der Künstler primär sich und seiner Kreativität zuschreibe (15, 388). Die Kompositionen sind für Adorno zu deuten zwar lediglich als Auflösung bereits gegebener „technischer Vexierbilder"; *der Komponist* aber wäre derjenige, welcher aus einem bestehenden *pool* möglicher Klangkombinationen genuine Werke erst konstruiere: *„[T]echnologische Phantasie" sei die „uneingeschränkte Verfügung über die Möglichkeiten der Lösung, die innerhalb eines Kunstwerks sich kristallisieren." (7, 259/12, 42*[297])

Die Fruchtbarkeit der ‚musikalischen Produktivkraft' (*Komposition*, *Reproduktion* und *Technik*[298]) wäre somit bestimmt von der Emphase, mit welcher sich der Musiker an den Techniken schule und diese so ‚mit Leben erfülle'. Erst der „geistige[ ] Gehalt[ ] in den Noten" sowie, noch konkreter: die „sinnlich hervorgebrachte[n] Klänge", ergänzten jene Produktivkraft zur „Totalität" musikalischer Technik (16, 229). – *Eine der Hauptthesen Adornos ist es demgemäß, daß die Reproduktion, für ihn: die lebendige* Interpretation, *ihren Objektivitätsanspruch erst im Vollzug subjektiver Tiefenmessung zu begründen im Stande wäre (s.o.).*[299]

– Im Hinterkopf zu behalten ist darüber hinaus vor allem jene der Neuen Musik zugesprochene *Überwindung der obsoleten Formensprache* der okzidentalen Musik (wie sie Schönberg, Strawinsky und auch Bartók in ihren Werken realisiert hätten); neben der offenen und interdisziplinären Rahmung gelte es zu exponieren den *dissonanten* Anteil der Neuen Musik. Als ‚technologische Phantasie' – besondere Relevanz erlangt diese auf der Folie der entthronten formalen Traditionen – bezeichnet er

---

297 [Hervorhebung von mir.]

298 Das Moment der *Technik* spreize sich auf wiederum in die *kompositorische* und die *reproduzierende* Technik – womit *Komposition* und *Reproduktion* der *Technik de facto* einverleibt werden.

299 Vgl. auch unteres Kapitel zum *Vorrang des Objekts* (S. 122.). – Was sich bereits im bipolaren Kontext der Notenschrift abzeichnet, kulminiert für Adorno dann in der *Phrasierung* der Musik: Insbesondere durch sie ähnele sich die Musik der verbalen Sprache an. Zuvor jedoch, wenngleich in derselben nachgelassen Schrift zur *musikalischen Reproduktion*, bemerkt er, das „mimische", auf interpretatorische Umsetzung ausgerichtete Wesen der Musik bestünde aus der Synthese von „Ausdruck" und „Konstruktion" – wobei *ersterer*, der *Ausdruck* also, eine „Pseudomorphose mit der Sprache" einginge (intuitiv wäre die Phrasierung ja dem *konstruktiven* Moment zuzurechnen) (N 1.2, 84).

demgegenüber die ,uneingeschränkte Verfügung über die Möglichkeiten der Lösung, die innerhalb eines Kunstwerks sich kristallisieren'.

II.b)χ Das ästhetisch–Neue

Im Verlaufe der Abhandlung jener von ihm favorisierten Neuen Musik hat es sich bereits angedeutet: Adorno insistiert, zumindest formal, auf der Verschränkung der *ästhetischen Technik* eben mit dem emphatischen Begriff des *ästhetisch–Neuen* (diese Akzentuierung gibt einen Vorgeschmack bereits auf den im Folgenden behandelten, gewichtigen Sonderfall der *deskriptiv/affirmativen Konnotation ästhetischer Technik*: deren *normativ/utopischen Geltungsüberhang*, s.u.). – Der Begriff des ästhetisch–Neuen – Stichwortgeber sind für Adorno insbesondere Baudelaires und Rimbauds Programmatiken der Modernität – ließe sich dabei kaum mehr vorstellen ohne die mit ihm verknüpften Verfahrensweisen ,technisch–aufgeklärter', quasi–industrieller Produktion. Formales Kennzeichen genuin moderner Künstler sei es zudem, wie dargelegt, interdisziplinär zu agieren: im Sinne einer ,offenen', experimentellen Haltung dem ,Anderen', eben Neuen gegenüber (s.o.).

Es wäre dennoch gerade die konventionell–ungebundene Neue Kunst, die sich zu vergegenwärtigen hätte, daß die (von Valéry[300] exemplarisch vorexerzierte) „technische Einsicht" den ästhetischen Relativismus seiner Grundlagen enthöbe (s.o.); schließlich führten die avancierten technischen Verfahren der Gegenwart immer auch mit sich das Damoklesschwert der quasi–automatisierten Erzeugung von Immergleichem (,Neues von der Stange') (7, 517).

Sofern Adorno jedoch dazu neigt, etwa die Neue Musik – vorschnell – als „notwendiges Endprodukt der musikalischen Säkularisierung" zu umschreiben (s.o.), entkleidet er damit das ästhetisch–Neue seiner historischen Dynamik – auch mit Blick auf die für ihn nicht unbedeutende kompensatorische Funktion der Kunst (15, 199). – Wenn nun etwa der späte, marxistische Lukács sich bei dem Gedanken beruhige, erst eine neue *Gesellschaft* ermögliche die Instandsetzung ebenso ,neuer' ästhetischer Maßstäbe, so verhält es sich bei Adorno zumeist genau umgekehrt: Die Neue Kunst(technik), dem wird nun auf den Grund gegangen, soll (auch) die neue Gesellschaftsordnung motivieren.

---

300 Vgl. etwa Valéry, Paul: „Über die literarische Technik." In: ders.: Zur Theorie der Dichtkunst und vermischte Gedanken. Frankfurt a. M. 1991. S. 12ff. (Valéry sieht im modernen Künstler einen „Rechenkünstler" am Werke, ebd.).

II.c) Normativ/utopischer Geltungsüberhang

Aber meint ihre Freiheit – l'art pour l'art – nicht gerade den bestimmten Widerspruch zur Gesellschaft?[301] *(Heinz–Klaus Metzger)*

Wie angekündigt nun markiert der *normativ/utopische Geltungsüberhang ästhetischer Technik* bei Adorno [2.b)II] das Herzstück vorliegender Arbeit: Wenn sich auch diese bei ihm darauf nicht reduzieren läßt – insbesondere der (autonomen) Kunst–Technik inhäriert Adorno zufolge ein *normativ/utopischer Geltungsüberhang* hinsichtlich der für pathologisch[302] befundenen Sphäre der Zweckrationalität. Der soziologisch–aufgeladene ästhetische Technizismus Adornos bleibt somit *nolens volens* verankert in der modernistischen bzw. sozialistischen Tradition technischer Utopien:

> Künstlerische Tätigkeit, die auf auswendiger Arbeit, mit moralischen Rationalisierungen, besteht, widerstreitet der Idee der Kunst selbst, deren Distanzierung von der gesellschaftlichen Praxis der Selbsterhaltung in sich die Anweisung auf einen von Arbeit befreiten Zustand einschließt. Vollbeschäftigung ist keine Norm der Kunst, was immer auch unter den gegenwärtigen Verhältnissen Halb– oder Ganzwahres, stets jedoch Anmaßendes darüber gesagt werden mag, daß die Menschen mit dem angeblichen Überfluß an freier Zeit nichts anzufangen wüßten. (14, 325)

Wahres, Gutes und Schönes[303]; Humanität und Kunst – für Adorno sind sie letztlich nicht zu trennen. Seine Ästhetik ist somit – nicht nur, aber auch – denjenigen Entwürfen zuzurechnen, wie sie Karlheinz Barck mit Blick auf das Telos *individueller* Selbstverwirklichung kritisiert: Entwürfen aus dem Geiste der „Verschwisterung von Ethik und Ästhetik in denjenigen Utopien des Ästhetischen, die im Anschluß an die Tradition der Aufklärung, etwa bei Schiller, mit universalistischen Projekten der Emanzipation einhergingen."[304] – Speziell der Realtechnik, als integralem Bestandteil der profanen Sphäre, tritt bei Adorno dabei die wiederum für den ästhetischen Geltungsbereich konstitutive *ästhetische Technik in ihrer immanenten Funktionsweise* als metaphorisches Korrektiv entgegen: „[U]nter den Motiven technischen Fortschritts in der Kunst ist nicht das letzte das dialektische: durch Technik gutzumachen, was Technik frevelte." (15, 371)

Eine seiner zentralen Prämissen ist demgemäß, daß „[d]er poetische Kontrast des Lebens zu dessen technischer Entstellung […] selbst technischer Art [ist]" (10.1, 197). Die *prima facie* lediglich verbal aufscheinende Einheit der ontologischen Technikkonnotationen [1./2.] – die Äquivokation – wäre nicht die einzige (verbliebene): „Zwischen den Techniken der materiellen und der künstlerischen Produktion

---

301 [16, 193. – Hervorhebung von mir.]

302 Vgl. etwa Honneth, Axel: Pathologien der Vernunft. Geschichte und Gegenwart der Kritischen Theorie. A.a.O.

303 Im Zusammenhang vorliegender Arbeit wird das von Adorno ausgerufene Paradigma formal–stimmiger Dissonanz und Schwärze – Variation letztlich der Rosenkranzschen Ästhetik des Häßlichen – betrachtet als Variation wiederum des Schönen.

304 Bild und Reflexion. Paradigmen und Perspektiven gegenwärtiger Ästhetik. Hg. v. Recki, Birgit und Lambert Wiesing. München 1997. Einleitung.

herrschen" – heute noch – „weit engere Affinitäten, als die wissenschaftliche Arbeitsteilung zur Kenntnis nimmt." (14, 427)

Auf dem Punkte jedoch, daß es sich hierbei lediglich um (verklausulierte) Gesellschafts*kritik* handeln könne, insistiert Adorno, weil es für ihn „nicht in die Macht der Kunst gegeben ist, die gesellschaftliche Entfremdung von sich aus aufzuheben; da sie bei jedem solchen Versuch in Zweideutigkeit und Aporie sich verfangen muß". Ihrer „gesellschaftlichen Funktion, als einer der Erkenntnis", werde sie um so gerechter, „je treuer sie den Umkreis ihrer eigenen technischen Fragen erhellend durchmißt" (18, 806).

Folgt man der Logik Adornos, so läßt die Kunst ihr spezifisch–technisches Moment *im Idealfall* also performativ zu seinem Recht gelangen – womit sie der ‚falschen' gesellschaftlichen Einbindung der Realtechnik *implizit* den ästhetischen (Zerr–)Spiegel vorhält, welcher diese ‚zur Kenntlichkeit entstellt':

> Offensichtlich gibt es aber einen Wirkungszusammenhang der Kunst in beiden Richtungen: die Kunst verändert auch die Erfahrung des Bekannten, so daß es erst nachträglich zum Wiedererkannten wird. Die Kunst deckt nicht nur Wirkliches auf, sondern öffnet auch die Augen.[305]

– Adorno geht davon aus, daß „das Ästhetische unvergleichlich viel tiefer in die Wirklichkeit revolutionär wird eingreifen, als die Klassentheorie als deus ex machina."[306]

Inwiefern auch der Prozeß der *Erstellung* formaler Stimmigkeit innerhalb eines Kunstwerkes soziale Relevanz besitzt, konkretisiert er am Beispiel *Schönbergs*: Dieser reagiere, indem er die sich im kompositorischen Material auftuenden Problemstellungen anginge, durchaus auch auf *gesellschaftliche* Problemlagen – welche er, als Künstlersubjekt, dann angemessen strukturierte: auf solche Art und Weise, wie es mit Blick auf die profane Sphäre (noch) verwehrt ist (bekanntlich hat diese jene Durchformung *bisher* mit der bürokratischen Potenzierung der Herrschaft quittiert): „Wenn der esoterische Schönberg nicht einer spezialisierten und gesellschaftlich irrelevanten Musikgeschichte als Geistesgeschichte vorbehalten ist, sondern in seiner materialen Dialektik auf die gesellschaftliche projiziert werden darf, so rechtfertigt sich das damit, *daß er in Gestalt der materialen Probleme, die er übernahm und weitertrieb, die Probleme der Gesellschaft vorfand, die das Material produzierte und in ihm ihre Widersprüche als technische Probleme aufstellte*."

Jene Probleme wären, „trotz ihrer Isoliertheit", von politisch/sozialer Relevanz auch insofern, als daß Schönberg, sozusagen als legitimes ‚Subjekt der Technik', „trotz und vermöge seiner eigenen expressiven Ursprünge, in ihnen allen an Stelle der privaten Zufälligkeit, die man recht wohl als eine Art anarchischer Musikproduktion bezeichnen könnte, eine objektive Gesetzmäßigkeit rückte, die dem Material nicht von außen aufgezwungen, sondern aus ihm selber herausgeholt ist und es in

[305] Wellmer, Albrecht: „Wahrheit, Schein, Versöhnung. Adornos ästhetische Rettung der Modernität." In: Adorno Konferenz 1983. Hg. v. Friedeburg, Ludwig von u. Jürgen Habermas. Frankfurt a. M. 1983. S. 162ff.

[306] Adorno, Theodor W.: Briefe und Briefwechsel. Bd. 1. Hg. v. Theodor W. Adorno Archiv. Frankfurt a. M. 1994. S. 74.

geschichtlichem Prozeß rationaler Durchsichtigkeit annähert.“ (18, 738[307]) – Zentral also der Hinweis, es handele sich dabei keineswegs ausschließlich um *ästhetische* Problemlagen – so daß Adorno die Losung ausgibt, „in ihnen die realen aufzufinden; entschlossen, auch der Einsicht unauflöslicher Widersprüche standzuhalten und daraus die gesellschaftliche Konsequenz zu ziehen [...].“ (18, 806) – Dieser *rezeptions*ästhetische Ansatz allerdings dürfe sich nicht verführen lassen von genanntem Technikfetisch übermotivierter Virtuosität (s.o.) (jener versuchte ja *realiter*, d.h. nicht eben lediglich allegorisch, der gesellschaftlichen ‚Vervollkommnung'–qua Technik ästhetisch vorzugreifen).

Die „technische[ ] Utopie[ ]“ in der Kunst habe systematischen Niederschlag gefunden dabei 1. im Futurismus *(semantisch), ihren gewichtigeren performativen dagegen im* Konstruktivismus *(2.) (11, 181[308]). Etwa die Musik Kurt Weills, in ihrer Verschränkung zumindest mit der Brechtschen Lyrik, repräsentiert für Adorno demgegenüber den mehrheitlich verpönten, dritten Typus einer soziologisch–versierten, explizit ‚engagierten' Kunst mit agitatorischem ‚Gebrauchswert' (3.).*

Weills Musik erlaubt es ihm nichtsdestotrotz, die gesellschaftstheoretische Relevanz seiner ästhetisch–technischen Analyse zu spezifizieren – ansonsten freilich läßt er, Adorno, diesbezüglich jene (relative) Konkretion vermissen:

> Löst sich dann aber die Musik, wie in der Alabama–Melodie oder den Schlußharmonien von Jonnys Lied, aus dem Gleichmaß: dann tastet sie über die Lücken, die eine Harmonie hier von der anderen sondern, ohne daß eine zur anderen fände. Dann ist die Subjektivität der Melodie von aller umfassenden Objektivität verlassen und hört traurig sich selber zu. So tief ist die gesellschaftliche Kritik dieser Musik in ihren technischen Zentren beschlossen. (18, 37)

Als gewichtige technische Institution der Musik, wie sie ohne „schlechte Utopie“ als Medium der ‚positiven Negation' gedeutet werden könne, wäre zu nennen überdies der *Kontrapunkt*: In seiner Spontaneität verdichte sich *pars pro toto* die Option künstlerischen Über–sich–hinaus–Weisens eben im Sinne Schellings (16, 168).

Aber auch anhand diverser Musik*instrumente*, etwa an der *Drehorgel*, könne beobachtet werden ein Vorgriff auf die mögliche gesellschaftliche „Versöhnung mit der Technik“ – wie sie die Enthebung wiederum der zwischenmenschlichen Entfremdung initiierte (18, 39). – In Konsequenz offensichtlich seiner auf Entsinnlichung der Musik abzielenden Reproduktionstheorie jedoch, dies wurde bereits angedeutet, vernachlässigt der Hegelianer Adorno diese zentrale Komponente *ästhetischer Technik*. Dabei böte sich gerade anhand des Musikinstruments die Möglichkeit, eine wenngleich disparate Technikphilosophie (wie die seine) eingehender zu fundieren – vor allem mit Blick auf den intendierten Nachweis eines *normativ/utopischen Geltungsüberhanges* der Kunst–Technik; schließlich repräsentiert das Musikinstrument *die* einschlägige Synthese *zivilisatorisch/rationaler* und *ästhetischer Technik* (s.o.).

---

307 [Hervorhebung von mir.]
308 [Hervorhebung von mir.]

Die ebenfalls nicht explizit verfolgte Absicht der kulturphilosophischen Grundierung der utopischen Konnotation *ästhetischer Technik* manifestiert sich dabei, wenn überhaupt, in seinem Rekurs auf die freudomarxistische Bildtypologie Walter Benjamins (s.o.): Ihr zufolge schlüge sich die gesellschaftliche Hemmung der (neuen) Produktionsmittel nieder auch in den kollektiv–unterbewußten Wunschbildern, den ‚dialektischen Bildern'. Diese dann avancierten, in ihrer Verschränkung wiederum mit der archaischen Erfahrung einer ‚urkommunistischen' Gesellschaft, zum utopischen Organon der ästhetischen Erzeugnisse.

Wie genannt jedoch sind Adorno sozialistische (Staats–)Gebilde, welcher Provenienz auch immer, nicht das vordergründige Telos gelungener ästhetischer Bemühungen: vielmehr die skizzierte ‚Revolutionierung' jeweils der individuellen Perzeption (die ‚gesellschaftliche Maschinerie' sollte ja zunächst einmal rational erfaßt, nicht aber per se ‚gestürmt' werden, s.o.).[309] – Alles in allem aber, ließe sich bilanzieren, kommt „auch für Adorno im ästhetischen Schein des Kunstwerks die bessere Welt zum Vorschein", „[ä]hnlich wie bei Bloch".[310] Paul Lafargue weist zudem darauf hin, daß, wie so vieles im Kontext des Hegelianismus, auch der *normativ/utopische Geltungsüberhang ästhetischer Technik* bereits bei Aristoteles verzeichnet liegt:

> „„Wenn jedes Werkzeug auf Geheiß oder auch vorausahnend das ihm zukommende Werk verrichten könnte, wie des Dädalus Kunstwerke sich von selbst bewegten, oder die Dreifüße des Hephästus aus eigenem Antrieb an die heilige Arbeit gingen, wenn so die Webeschiffe von selbst webten, so bedürfte es weder für den Werkmeister der Gehilfen, noch für die Herren der Sklaven."[15] Der Traum des Aristoteles ist heute Wirklichkeit geworden. Unsere Maschinen verrichten, feurigen Atems, mit stählernen, unermüdlichen Gliedern, mit wunderbarer, unerschöpflicher Zeugungskraft, gelehrig und von selbst ihre heilige Arbeit, und doch bleibt der Geist der großen Philosophen des Kapitalismus nach wie vor beherrscht vom Vorurteil des Lohnsystems, der schlimmsten aller Sklavereien. Sie begreifen noch nicht, daß die Maschine der Erlöser der Menschheit ist, der Gott, der den Menschen von den ‚sordidae artes' und der Lohnarbeit loskaufen, der Gott, der ihnen Muße und Freiheit bringen wird.[311]

– Dafür Sorge zu tragen, daß die Menschen vom emanzipatorischen Potential der Technik überhaupt erst erfahren – diese kompensatorische Aufgabe obliegt, wenngleich implizit, auch bei Adorno: der (konstruktivistischen) Kunst (2.).

---

309 Die von Adorno bevorzugten Werke changierten allenfalls *negativ* zu ‚Sand im Getriebe der Apparatur' (s.o.), entfalteten derart also ihre Präskriptivität.

310 Recki, Birgit: „Die Metaphysik der Kritik. Zum Verhältnis von Metaphysik und Erfahrung bei Max Horkheimer und Theodor W. Adorno." In: Neue Hefte für Philosophie. Bd. 30/31. Göttingen 1991. S. 167.

311 Lafargue, Paul: Das Recht auf Faulheit. Widerlegung des „Rechtes auf Arbeit" von 1848. A.a.O. S. 43f.

II.c)α „Zwecklose Zweckmäßigkeit“

Mit Blick auf die (bestenfalls) utopisch–konnotierte formale Binnenstruktur eines Kunstwerks – dessen Technik – läßt sich wiedererkennen dann auch Kants gängige Formel einer ‚zwecklosen Zweckmäßigkeit‘ (Adorno selbst operiert mit der Begrifflichkeit): Die Kunst nämlich begebe sich schon ‚an sich‘, eben als deren zweck–los/autonomes Pendant, in Opposition zur entlaufenen und somit ihrerseits ‚zwecklosen‘ Zweckrationalität – nicht erst, wie anzunehmen, mit einem *Sujet* technischer Gewaltanwendung oder dergleichen (s.o.). Zwar wären die Werke immanent, d.h. hinsichtlich ihrer technischen Durchbildung, durchaus als ‚zweckmäßig‘ zu bezeichnen; in ihrer konkreten nutzen–orientierten Außenwirkung jedoch wären sie eben als zweck–*los* einzustufen – *worin dialektisch eben ihr ‚Zweck‘ bestünde*: Dies ist „der Gehalt, den die Gesellschaft in ihren Werken sucht und um dessen willen sie ihre Arbeit honoriert“[312] (etwa mittels der horrenden Summen, die bisweilen auf dem Kunstmarkt fließen):

> Trotz seines Warencharakters [aber] war das Kunstwerk autonom, insofern es einen selbstbezüglichen Kontext darstellte, der es von der Gesellschaft abgrenzte. Es war nicht einfach nur Vergnügen, konnte nicht unmittelbar genossen, sondern mußte interpretiert und begriffen werden; es verlangte Urteilskraft und Freiheit.[115] Damit aber entstehen Spannungen zwischen der ästhetischen Kultur und der Gesellschaft. Denn das Kunstwerk, in der gesellschaftlichen Arbeitsteilung produziert, konstituiert sich gleichwohl als ein autonomer Sinnzusammenhang. Der Gesellschaft gelingt es nicht, in reiner Präsenz und Unmittelbarkeit aufzugehen. Vielmehr entsteht mit dem Kunstwerk eine semiotische Distanz, insofern es auf die Gesellschaft als das hindeutet, was es nicht ist; es gewährt – gleichsam über die Schulter – den Blick auf die Gesellschaft als ganze und vermittelt einen Begriff ihrer Totalität als einer immer noch nicht versöhnten. Der unversöhnte Zustand der Gesellschaft wird aber durch die Existenz der Kunst selbst angezeigt, durch die Tatsache, daß alle Menschen auf den Zwang zur Arbeit verpflichtet sind, während die Intellektuellen in der gesellschaftlichen Arbeitsteilung von der Anstrengung unmittelbarer körperlicher Arbeit freigestellt sind und die Freiheit des autonomen Sinnzusammenhangs und kritischen Urteils genießen.[313]

Wie skizziert liegt die Vision einer besseren Gesellschaft für Adorno verklausuliert zuvorderst in der im Kunstprodukt angelegten, ‚zweckmäßigen‘ Relation von Teil und Ganzem:

> Im autonomen Kunstwerk wird jegliches Mittel gerechtfertigt durch die Funktion, die es für die anderen und alle für das Ganze haben, das kraft eines solchen Funktionszusammenhanges zum Sinn, zu mehr als bloßer Erscheinung wird. Wo der Inbegriff der Mittel – ohne auf Symbolbedeutungen zu schielen

[312] Werckmeister, O.K.: „Das Kunstwerk als Negation. Zur geschichtlichen Bestimmung der Kunsttheorie Theodor W. Adornos.“ In: Ders.: Ende der Ästhetik. Essays über Adorno, Bloch, das gelbe Unterseeboot und der eindimensionale Mensch. Frankfurt a. M. 1971. S. 9.

[313] Demirović, Alex: Der nonkonformistische Intellektuelle. Die Entwicklung der Kritischen Theorie zur Frankfurter Schule. A.a.O. S. 90. [Einschub von mir.]

> – nicht derart über sich selbst hinausschießt, regrediert das l'art pour l'art auf seinen extremen Gegensatz, die amusische Bastelei. (16, 194f.)

Wenngleich jener zweckrationalen Sphäre entwachsen – noch immer hätte die *ästhetische Technik* „konstant außerästhetische zum Modell" –, mobilisiere Kunst die Technik dabei methodisch in *entgegengesetzte* Richtung wie das vorwaltenden Prinzip der Herrschaft: „Wodurch die Kunstwerke als zweckmäßige so sich organisieren, wie es dem bloßen Dasein versagt ist" – hier kulminiert schließlich Adornos kontextrelevante Argumentation – „das ist ihre Technik; durch sie allein werden sie zweckmäßig." (7, 321ff.)

– Gewissermaßen im Anschluß an Kants Topos hätten sich, seit Mitte des 19. Jahrhunderts, denn auch ganze künstlerische Bewegungen dem übermotivierten Zweckrationalismus der westlichen Moderne widersetzt: Adorno hat hier insbesondere den *Symbolismus* und den *Jugendstil* im Auge – verkennt (an dieser Stelle) aber, daß sich, gerade im deutschsprachigen Bereich, entsprechende Rationalitätskritik, wenngleich ohne offenes Bekenntnis zur *ästhetischen Technik*, bereits während der ‚empfindsamen' *Sturm und Drang*–Periode, d.h. gegen Mitte des 18. Jahrhunderts, artikuliert, um dann in der (deutschen) *Romantik* zu kulminieren.

Jedenfalls übersteigerten derlei Bewegungen die Losung des *l'art pour l'art* mittels Apologie des ‚Nutz–losen', als welches Oscar Wilde oder auch Paul Valéry die kulturelle Sphäre provokant titulierten. – Der für uns relevante dialektische Clou liegt im Falle der Rezeption Adornos nun wie gesagt darin, daß ästhetische Programmatiken der ‚Zweck–' und ‚Nutzlosigkeit' für ihn trotz bzw. gerade *aufgrund* der intendierten Autarkie soziale ‚Sprengkraft' freisetzen, sofern sie – qua Sabotage der allgegenwärtigen Tauschgesellschaft – zu Platzhaltern des „nicht mehr vom Profit entstellt[en]" avancierten (8, 129).[314]

Die von Adorno diagnostizierte Ambivalenz *zivilisatorisch/rationaler Technik* – einmal als *autonome*, dann als *soziale* Instanz (*fait social*) – kennzeichnet ihm zufolge also auch ihr ästhetisches Äquivalent. – Dieser zwischen Autonomie und Heteronomie oszillierenden Auffassung der Kunst aber wurde nicht nur wohlwollend begegnet, speziell in der (wieder) stärker kulturphilosophisch–orientierten Rezeption der 1980er–Jahre: „Das Problem besteht, anders gesagt, darin daß der autonomen Kunst *allein* in der Erwartung ihrer Wirkung für die Ziele der Befreiung die Bedingung der Möglichkeit für diese ‚Leistung' abhanden kommen kann: ihre Autonomie."[315] – Bei Adorno freilich wird die Kunst jedoch nicht auf ihre politische Außenwirkung *reduziert*; sie verwirkt deren notwendige Bedingung: ihre Autonomie, also nicht notwendigerweise.

---

[314] Vgl. hierzu ebenfalls Herbert Marcuses „Ästhetik der ‚großen Weigerung'" (Gerhard Schweppenhäuser) (Marcuse, Herbert: Kunst und Befreiung. Lüneburg 2000. Einleitung.). – Marcuses disparate Ästhetik erschöpft sich also keineswegs in der Diagnose des ‚affirmativen Charakters der Kultur'; überhaupt steht er auch der Popkultur durchaus wohlwollend gegenüber. (Jean Baudrillard übersteigert diese ‚Verweigerungshaltung' in einen verqueren Todesfetisch *à la* Heidegger: ders.: Der symbolische Tausch und der Tod. Berlin 2005. bzw. Der unmögliche Tausch. Berlin 2000. und: Der Geist des Terrorismus. Wien 2002.)

[315] Recki, Birgit: Aura und Autonomie. Zur Subjektivität der Kunst bei Walter Benjamin und Theodor W. Adorno. (Diss.) Würzburg 1988. S. 132. [Hervorhebung von mir.]

- Zu exponieren jedenfalls ist rückblickend Adornos zentraler (wenngleich beiläufig formulierter) Befund, wonach der kompositorischen ‚Teleologie' eines avancierten Kunstwerks, seiner immanenten Durchbildung und formalen Binnenstruktur – seiner Technik –, mit Blick auf diejenige des ‚bloßen Daseins' der profanen Sphäre letztlich ein Geltungsüberhang an Zweckmäßigkeit zukäme – *der sozial–utopisch konnotiert ist.*

II.c)β „Eingedenken der Natur (im Subjekt)"

War Herrschaft über die Natur Bedingung und Stufe der Entmythologisierung, so hätte diese auf jene Herrschaft überzugreifen, soll sie nicht doch Opfer des Mythos werden. (6, 181[316]*)*

Die allegorische gesellschaftspolitische Relevanz der *ästhetischen Technik* – für Adorno ist sie eng verknüpft dabei mit der (selbst–)reflexiven Strategie eines ‚*Eingedenkens der Natur (im Subjekt)*': Im Gefolge einer derartigen, vor allem ästhetisch–initiierten (Psycho–)Analyse der etablierten Kultur – unverkennbar ist Freud[317] Mentor jener hier verhandelten Konzeption – würde die Technik idealerweise erkannt als das, was sie letztlich ist: Mittel zum Zweck einer besseren Einrichtung der Menschheit – nicht aber, was sie *gegenwärtig* noch primär darstelle: abgesprengtes Instrumentarium zum Behufe der Unterdrückung und Ausbeutung von Mensch und Natur.

Mit Blick auf das in diesem Sinne formulierte Programm einer „‚Rettung' der Aufklärung"[318] ist das vorrangige Ziel Adornos, zu bezeugen die Existenz eines ‚blinden Flecks', eines ‚schützenswerten' Restbestandes *unbearbeiteter* Natur innerhalb der ‚identifizierenden Maschinerie' des vorherrschenden Rationalitätstypus (*rationalitätstheoretisch* wirkt die Kunst–Technik ja in der Tat ‚subversiv', d.h. nicht lediglich allegorisch). Und wenn die von den Autoren der DdA vorgebrachte *Kritik* jener technischen Vernunft bereits als solche Selbstreflexion gedeutet werden kann, so firmiert sie doch insbesondere unter jenem Oberbegriff des *wiederum insbesondere (kunst–)technisch in die Wege geleiteten* ‚Eingedenkens der Natur', dem propagierten „Innehalten im Fortschritt"[319] – „ohne Erkenntnis selbst preiszugeben" (3, 57). – Diese Methodologie allerdings ist untrennbar verknüpft mit dem Konzept des ‚Geistes'[320], einem weiteren bei Hegel entlehnten Begriff, welcher, in seiner wertend–positiven Konstellation, auf den nicht–irrationalistischen Wesenszug jenes *prima facie* esoterisch und ‚naturverbunden'[321] anmutenden ‚Eingedenkens der Natur' hindeutet.

Ohne sich in „romantisierende Betrachtungen über die Natur" verstricken zu wollen, bemerkt Adorno, daß hingegen noch bei Marx der Aspekt der (technischen)

---

[316] [Hervorhebung von mir.]

[317] In gewandelter Form ist dieser Ansatz eingelassen auch in den gegenwärtigen kulturtheoretischen Diskurs, etwa vermittels der Psychoanalyse Jacques Lacans (vgl. Butler, Rex: Slavoj Žižek zur Einführung. Hamburg 2006. S. 34.).

[318] Soung–Suk, Nho: Die Selbstkritik und „Rettung" der Aufklärung. Frankfurt a. M. [u.a.] 2000. S. 144.

[319] Schmid Noerr, Gunzelin: Das Eingedenken der Natur im Subjekt. A.a.O. S. 26. – Gerhard Schweppenhäuser zufolge bereitet die Selbstkritik der Vernunft dem *Eingedenken der Natur* erst den Boden (ders.: „Vernunft– und Moralkritik. Horkheimer und der Universalismus." In: Jenseits instrumenteller Vernunft. A.a.O. S. 79.).

[320] Zur Begriffskonnotation vgl. etwa: Geist gegen den Zeitgeist. Erinnern an Adorno. Hg. v. Früchtl, Josef u. Maria Calloni. Frankfurt a. M. 1991.

[321] Speziell in diesem Zusammenhang ließen sich Adornos Reflexionen nichtsdestotrotz in die Nähe rücken abermals zur seinerseits verfemten Lebensphilosophie, und auch der Ökologie–Gedanke zeigt sich seinem Ansatz durchaus kompatibel. – Anderweitig konstatiert er dahingehend distanziert, der metaphysische Fokus hätte sich von *da* an verschoben auf ‚das Leben' als solches, da selbiges – im Gefolge der industriellen Aufbäumung der zweiten Natur – seine Selbstverständlichkeit einbüßte.

Naturbeherrschung allzu selektiv behandelt würde: Die Herrschaft von Menschen über Menschen werde kritisiert zwar; diejenige über die *außer*menschliche Natur hingegen bliebe ausgespart – „so daß das Bild der klassenlosen Gesellschaft […], wie Horkheimer es einmal formuliert hat, etwas von einer gigantischen Aktiengesellschaft zur Ausbeutung der Natur hat. Die Tatsache, daß Marx zufolge aus der Arbeit, die die Tiere leisten [...] kein Mehrwert folgen soll, ist dafür nur das krasseste Symbol." (N 4.16, 89) – Insofern wären die Lebensphilosophen Marx in diesem Punkte voraus.[322]

Besagtes Eingedenken jedoch wird bewußt abgegrenzt vom (nicht selten kontraproduktiven) politischen Aktionismus: „[W]ahre Resistenz [kennt] keine Propaganda", „auch wenn die Inhalte als solche richtig sind" (3, 293). – Zwar verleugnet Adorno die soziologische Einbettung jedweder Reflexion keineswegs; konkrete Resistenz werde, in ihrem scheinbaren Praxisbezug, jedoch nicht selten von dem Stoff, mit dem sie sich abgibt, infiziert. Nicht zuletzt deswegen ist für ihn die ‚eigentlich wahre' Praxis – darin dem philosophischen Idealismus verpflichtet – diejenige des abstrakten Denkens, das sich von der „Gesellschaft als einem Massenracket in der Natur" nicht hereinreden läßt (3, 291). Daher beschwören Adorno und Horkheimer auch nicht die seinerzeit ja durchaus noch existente Arbeiterklasse, sondern hinterlassen, in Tradition der Schiffahrtstopoi (Homer, Nietzsche, Blumenberg), ihre ‚Flaschenpost' einem ‚impliziten Leser' (Wolfgang Iser).[323]

Institutionen jedenfalls der angemahnten Reflexion auf die menschliche Verwurzelung in der ersten Natur wären, hierarchisch aufsteigend: (politische) Idiosynkrasien, Theologie, Philosophie[324] und, zuvorderst, die Kunst – womit der *ästhetischen Technik* ihre exponierte Rolle im Postulat gattungsspezifischer Selbstreflexion zugewiesen ist: Die (ästhetische) Technik, als der Natur entwachsene Größe, konstituiert die Kunst *als notwendige Bedingung wiederum der dialektischen Versöhnung mit Natur* (ganz analog zum zurückkehrenden ‚absoluten Geist' bei Hegel).

Entgegen der gängigen kulturpessimistischen Stigmatisierung der DdA bestehen deren Autoren also darauf, daß sich, mit der zivilisatorischen Reformulierung der Herrschaft, ebenfalls die „Perspektive auf deren Beschwichtigung" erneuert hätte. Mit Anspielung auf Hölderlin setzt sich für Adorno „in der Herrschaft das Moment der Rationalität als ein von ihr auch verschiedenes durch", und „durch die Bescheidung, in der dieser [der Geist] als Herrschaft sich bekennt und in Natur zurück-

---

[322] Dem wäre hinzuzufügen, daß Adorno mit dieser Einschätzung hinter seine im Vorfeld getroffene (zutreffende) Aussage zurückfällt, der späte Marx der ‚Kritik des Gothaer Programms' *insistiere* geradezu auf der Bedeutung der Natur gegenüber der Instanz menschlicher Arbeit (s.o.).

[323] Nachdem Herbert Marcuse in Berkeley bereits für ‚günstige Bedingungen' gesorgt hat, geht diese Flaschenpost 1967 qua Raubdruck rezeptionshistorisch an Land und metastasiert zum Molotowcoctail (vgl. auch: Frankfurter Schule und Studentenbewegung. Von der Flaschenpost zum Molotowcoctail. Hg. v. Kraushaar, Wolfgang. Hamburg 2003. sowie Adornos spätere Distanzierung: „Kritische Theorie und Protestbewegung." [20.1, 398ff.]. – Die Mutation zum Molotowcoctail ist aber wohl ganz im Sinne jenes linken Flügels der frühen Kritischen Theorie – für diesen steht Marcuse *pars pro toto* ein, wie nicht nur seine Auseinandersetzungen mit Erich Fromm belegen: „Ich bin nunmal nicht für ‚Flaschenpost'. Was wir zu sagen haben, ist nicht für eine mythische Zukunft bestimmt." [Zitiert nach: Vierzig Jahre Flaschenpost. A.a.O. S. 8f.]).

[324] Die Philosophie erwiese sich als „Bedingung ebenso wie als Ziel einer Wissenschaft, die mehr sein will denn bloß Technik und die technokratischer Herrschaft nicht sich beugt." (8, 546)

nimmt, zergeht ihm der herrschaftliche Anspruch, der ihn gerade der Natur versklavt." (3, 54/57[325])

Würde der Natur bzw. der menschlichen Verwurzelung in dieser jedoch *nicht* eingedacht, schlüge sie, wie geschildert, um in deren pejorative, ,von allen guten Geistern verlassene' Konnotation „bloße[r] Natur"[326]:

> [E]rst als erkannte wird sie zum Drang des Daseins nach seinem Frieden, zu jenem Bewußtsein, das von Beginn an den unbeirrbaren Widerstand gegen Führer und Kollektivität begeistert hat. Der herrschenden Praxis und ihren unentrinnbaren Alternativen ist nicht die Natur gefährlich, mit der sie vielmehr zusammenfällt, sondern daß Natur erinnert wird. (3, 210/292)

Obgleich Adorno und Horkheimer die Legitimität der Rationalitätskritik jener ,dunklen Seite der Aufklärung' unterstreichen, mahnen sie daher an, die „Besinnung auf das Destruktive des Fortschritts" (s.o.) nicht seinen Feinden zu überlassen – etwa in Anbetracht der Option verklärender Intransigenz *à la* Nietzsche (3, 13). Vor Augen das geistige Klima der 1940er–Jahre konstatieren sie, die Verantwortung wäre zu suchen weniger bei den ersonnenen „modernen Mythologien", sondern beim Versäumnis vielmehr der Aufklärung, sich eben dem *Eingedenken der Natur* als Moment der Aufklärung zuzuwenden, das sie vom „positivistischen Zerfall" scheide (3, 14/41). In der tatsächlich vollzogenen Versöhnung mit (der) Natur dann liege die „verkannte Wahrheit aller Kultur" beschlossen (3, 58). – Die Kultur also, etymologisch entwachsen der *cultura*, der als ,Acker' (technisch–)bearbeiteten ersten Natur, entlocke dieser Gehalt, ohne den beide, sowohl Kultur als auch Natur, nicht zu ihrem Recht gelangten.

Letztlich ist das *Eingedenken der Natur (im Subjekt)*, deren Praxis durchaus als intersubjektiv–verbindliches Rezept aufgefaßt werden kann, zu deuten also als dem Herrschaftsprinzip methodisch–*entgegengesetzte* Form *rationaler Technik* – zuvor wurde diese ja als mit emphatischer Natur*beherrschung* notwendig verschränkte Kategorie eingeführt. Der Aufklärungsprozeß käme somit ,zu sich selbst' erst durch diesen Bruch mit dem ,blinden', d.h. nicht selbstreflexiven Herrschaftsvollzug.

Verortet im Koordinatensystem der spezifischen Adornoschen Erkenntnistheorie (s.u.) würde „die kranke Einsamkeit [...], in der die ganze Natur befangen ist" überwunden „[n]ur in der Vermittlung, in der das nichtige Sinnesdatum den Gedanken zur ganzen Produktivität bringt, deren er fähig ist, und andererseits der Gedanke vorbehaltlos dem übermächtigen Eindruck sich hingibt, [...] überwunden [...]. Nicht in der vom Gedanken unangekränkelten Gewißheit, nicht in der vorbegrifflichen Einheit von Wahrnehmung und Gegenstand, sondern in ihrem reflektierten Gegensatz zeigt die Möglichkeit von Versöhnung sich an." (3, 214)

Ein immer wieder vorgetragener *Einwand* gegenüber dieser jener rational–technischen Alternativ–Strategie einer ,zweiten Reflexion' dabei ist derjenige, daß auch die Selbstreflexion ,identifizierend' zu verfahren hätte, sich notwendig also in einen performativen Widerspruch verstricken müsse:

---

[325] [Einschub von mir.]

[326] Vgl. obiges Kapitel zur *(pathologischen) Revolte der Natur* (S. 36ff.).

> Erst eine noch ausstehende Aufklärung, die ebenso bedächtig wie angstfrei sich über sich aufklärt, wird alle Institutionen der Unmündigkeit überwinden, auch solche, die sich auf Aufklärung berufen – in weltgeschichtlicher Hinsicht also alle. Doch das Dilemma der kritischen Intellektuellen im Verhältnis zur Vernunft bleibt auf diese Weise weiter bestehen. Denn mit der von ihnen durchgeführten Selbstbesinnung der Aufklärung setzen sie deren Rastlosigkeit auf einem noch höheren Niveau fort und laufen Gefahr, gegen ihren Willen auch noch letzte Überbleibsel aufklärerischen Verhaltens zu zerstören; gleichzeitig aber verlangen sie, die Aufklärung solle endlich einmal lernen, innehalten zu können, um ihre für sie grundlegenden Begriffe nicht in rastloser Bewegung zu zerstören.[327]

Dieser zunächst einleuchtende Kritikpunkt aber scheint für Adorno keinen grundlegenden Widerspruch zu markieren (lastet er Widersprüchlichkeiten egal welcher Art doch ohnehin an nicht selten der Agonalität der bestehenden, antagonistischen Gesellschaft, s.o.). – Eine schlüssige Parteinahme *für* den Ansatz Adornos hingegen könnte demgegenüber darauf abheben, daß der „Aufklärer zweiter Ordnung"[328] die Identifizierung letztlich aufhöbe, etwa nach dem ‚unlogischen' Modell des qualitativen Sprungs oder aber des ‚minus mal minus ergibt plus': *„Eine über sich selbst aufgeklärte Aufklärung würde sich von ihrem letzten Zwang befreien, nämlich dem zur fortgesetzten Selbstbehauptung mit vernünftigen Mitteln."*[329]

Den Kritikpunkt nicht von der Hand zu weisender (quantitativer) Dürftigkeit einer solchen kulturtheoretischen Wendung der Freudschen Psychoanalyse aber untermauert auch Habermas' einschlägiger Einwand, das Konzept verbliebe letztlich ‚enttäuschend und elitär': So wird etwa die Kunsttherapie als mögliche breitenwirksame Übersetzung jener (keineswegs etablierten) Methodologie von Adorno prinzipiell ausgeschlossen (s.o.).

1. *Mimesis 2.0*

Der zuvor bereits besprochene Zentralbegriff der *Mimesis* erlangt Relevanz dabei auch im Zusammenhang jener vor allem ästhetischen Kontemplation des Eingedenkens, dem Bekenntnis zur humanen Naturwüchsigkeit *zum Behufe der Überwindung wiederum ihrer schicksalhaften Zwanghaftigkeit*. Die *Mimesis*, *hier* steht sie ein für den (affirmativ–konnotierten) Prozeß sym–pathetischen sich Anschmiegens an ‚das Andere' des Nichtidentischen – *insbesondere vermittels gelungener, ‚spielerischer' Handhabung des ästhetischen Materials*: Adorno fragt rhetorisch, ob nicht das eigentliche, Freiheit implizierende „Seiner–selbst–mächtig–Bleiben" aufzufinden wäre im Vollzug des „Sich–ähnlich–Machen[s]" (N 1.1, 243).

Am Punkte maximaler zivilisatorischer Entfremdung von der Natur also – die moderne Technologie ist dafür das eindringlichste Symbol – schiene auf die versöhnliche (ästhetische) Annäherung an Natur als Möglichkeit ‚konkreter Utopie':

---

[327] Demirović, Alex: Der nonkonformistische Intellektuelle. A.a.O. S. 54.

[328] Schmid Noerr, Gunzelin: „Aufklärung und Mythos. Von der *Dialektik der Aufklärung* zur *Erziehung nach Auschwitz*." In: Die Zukunft der Vernunft. Zur Aktualität von Theodor W. Adorno. A.a.O. S. 84.

[329] Demirović: Der nonkonformistische Intellektuelle. S. 74. [Hervorhebung von mir.]

Insbesondere im avancierten und autonomen Medium der Neuen Kunst würde der blinde, nichtidentische Fleck der bürgerlich–positivistischen ratio ‚respektvoll' umkreist. Die Utopie gelungener *Mimesis* in der Kunst, die zeitgemäße und materialgerechte Transformation von Natur, wäre dabei – eben wie geschildert – von der „Dichte des technischen Verfahrens" erst initiiert, erschienen beide Momente zunächst auch unvereinbar (7, 174).

2. „Vorrang des Objekts"

Aber der kritische Gedanke möchte nicht dem Objekt den verwaisten Königsthron des Subjekts verschaffen, auf dem das Objekt nichts wäre als ein Götze, sondern die Hierarchie beseitigen. (6, 182[330])

Der kritisierten Funktionsweise technischer Rationalität: jener Identitätslogik, kontrastiert Adorno in diesem Kontext ebenfalls sein erkenntnistheoretisches Postulat vom *Vorrang des Objekts* – in Anbetracht der universellen Verdinglichung *vollzogen insbesondere durch die mimetische Rationalität der Kunst*. Dieses Postulat der ‚Versöhnung eines seit der Antike bestehenden erkenntnistheoretischen Streits' (Josef Früchtl) markiert die von Ernst Bloch antizipierte Synthese gewissermaßen von Idealismus und Positivismus: „Die Hinsicht auf dies Ineinander wurde – rechtens utopisch – als eine auf äußere Selbstbegegnung bezeichnet, auf eine, ‚vermittels derer das Inwendige auswendig und das Auswendige wie das Inwendige werden kann' (Geist der Utopie, 1923, S. 313)."[331]

Zwar suggeriert besagter *Vorrang* des Objekts eine Akzentuierung auf Seiten des Positivismus – diese Lesart korrespondierte dem sublimierten Materialismus der Kritischen Theorie –; ein Objekt aber, hier macht sich die ‚trotz allem' gegebene Nähe zum Idealismus bemerkbar, hat schließlich zur Bedingung wiederum ein *sub–iectum*, ‚das zugrunde Liegende': „Einzig subjektiver Reflexion, und der aufs Subjekt, ist der Vorrang des Objekts erreichbar" (6, 185).

Diese Synthese wird in Stellung gebracht eben gegen die spezifischen erkenntnistheoretischen Funktionsweisen von Idealismus und Positivismus – insofern diese befangen blieben in der „von der gesamten Philosophie vor– und nachgebeteten Lehre von der Wahrheit als einer adaequatio rei atque cogitationis": Während der potentiell transzendental–Synthetisierende Wirklichkeit lediglich als Tautologie des von ihm zuvor Konstruierten vernehme und in selbstreferenzieller Identität erstarre, verkenne der sich auf verdinglichte Objektivität Berufende wiederum das subjektiv–vermittelte Moment der Erkenntnis (5, 283). Des weiteren distanziert sich Adorno daher von der „Unmittelbarkeitsphilosophie, wie sie sich lebensphilosophisch um den Begriff der Intuition, phänomenologisch um den der Wesensschau und idealistisch um den der intellektuellen Anschauung ausbildet."[332]

---

[330] [Hervorhebung von mir.]

[331] [Zitiert nach: Bloch, Ernst: Tübinger Einleitung in die Philosophie. Frankfurt a. M. 1970. S. 45.]

[332] Früchtl, Josef: *Mimesis*. A.a.O. S. 246.

II.c)χ Paradoxien der ästhetischen Herrschaftskritik

Mit der ästhetischen Kompensation des ‚schlechten Gewissens' der Realtechnik also solle in die Wege geleitet werden die Versöhnung mit der herrschaftlich versehrten Natur. Wie (mehrfach) dargelegt jedoch erfolge die Revokation der emphatischen Beherrschung von Natur wiederum *einzig kraft Naturbeherrschung*; der „Einspruch der Kunst" gewönne Geltung erst vermittels der „wahrhafte[n] Beherrschung" ästhetischer *Technik* (7, 201; 16, 451/537). – Adornos Konzept einer utopisch–besetzten *ästhetischen Technik* verstrickt sich (scheinbar) in Widersprüche.

Er insistiert darauf, daß die ästhetische „Opposition [...] gegen die Herrschaft" performativ auch eine *Mimesis* dieser gegenüber zu vollziehen hätte (s.o.): Noch die avancierten Werke müßten sich dem herrschaftlich–orientierten – ‚technischen' – Habitus akkomodieren, damit „etwas von der Welt der Herrschaft qualitativ Verschiedenes" entstehen könne. Dieses Paradoxon wäre zu deuten auch als Reflex auf die Widersprüchlichkeit wiederum der vorherrschenden ratio (s.o.): „Schlecht ist Kunst im technischen Zeitalter, wo sie über es als gesellschaftliches Verhältnis, die universale Vermittlung täuscht." (7, 430)

Insbesondere die bei Schönberg realisierte ‚lückenlose Strenge' praktisch vollkommener *ästhetischer Technik* erwiese sich daher gerade als „höchste Freiheit", welche „zur Versöhnung sich sänftigt[ ]":

> Es wird einmal zu den wichtigsten Aufgaben einer gewissenhaften Interpretation Schönbergs rechnen, entgegen all den lächerlichen Phrasen vom einsamen Artisten, Konstrukteur und Intellektuellen die ganz reale gesellschaftliche Bedeutung aufzuweisen, die jeder kompositorische Zug seiner Hand treuer durchsetzt als jene soziologischen Musiken, die, um der gegenwärtigen Gesellschaft zu dienen, die Geister vergangener zitieren und die zukünftige Wirklichkeit darüber vergessen. (17, 202f.).

‚Über das Ziel hinauszuschießen' aber bedeute, mit Blick auf das der Kunst „innewohnende[ ] kritische[ ] Moment[ ]", sich der Möglichkeit ästhetischer Produktivität unter Umständen gänzlich zu begeben: „Stimmt sie [die Kunst] jedoch in nichts mehr mit der Gesellschaft zusammen, so ist die Möglichkeit der Objektivation schlechterdings ungewiß."[333] (16, 625)

1. Jargon des Verbalradikalismus

Destroy the Aura of ‚Raised' Entertainment.[334]

Ein weiterer paradoxer Aspekt jener Konzeption ästhetisch–technischer Herrschaftskritik dabei ist unerwarteter Art: Adornos grundsätzlich auf ‚Versöhnung' zugeschnittener Impetus diskreditiert sich selbst teils aufgrund der Verwendung eines (bei Marx abgelauschten) verbalradikalen Jargons, gerade im Kontext seiner technikphilosophischen Äußerungen. Insofern der Darstellungsstil der ‚ästhetischen

---

333 [Einschub von mir.]

334 Adorno–Memorandum 1938, S. 144ff. [Zitiert nach: Dahms, Hans–Joachim: Positivismusstreit. A.a.O. S. 245. – Hervorhebung von mir.]

Theorie' Adornos nicht unerheblicher Bestandteil des Dargestellten selbst ist, erlangt diese Komponente zusätzliche Relevanz.

Die gelungene technische Durchbildung eines Werkes X wird so verschränkt zunächst mit dem übermotivierten Postulat der ,Sinn–losigkeit', der zeitgenössischen Übersteigerung genannter Zweck– und *Nutz*losigkeit (inner–ästhetisch opponierte diese auch gegen die obsolete „Geschlossenheit" der Werke). Es wäre jene ,Sinnlosigkeit', in welcher der Einspruch der Kunst – ihre Verweigerungshaltung dem ,falschen Ganzen' gegenüber – heute begründet liege.

Adorno aber wird emphatischer:

> Was hier unerbittlich in den technologischen Konstellationen lesbar wird, hatte in der Ära der freien Atonalität mit der Gewalt der Explosion, verwandt dem Dadaismus, in den wahrhaft inkommensurablen Jugendwerken Ernst Kreneks, zumal dessen Zweiter Symphonie, sich angekündigt. Es ist die Rebellion der Musik gegen ihren Sinn. Der Zusammenhang in diesen Werken ist die Negation des Zusammenhangs, und ihr Triumph ist darin gelegen, daß die Musik sich als Widerpart der Wortsprache erweist, indem sie gerade als sinnlose zu reden vermag [...].[335] (12, 121)

Auch an anderen Stellen verfällt er in diese paramilitärische Diktion; in der Ästhetischen Theorie etwa ist davon die Rede, daß die ästhetische Technologie die tradierten Verfahren ,sprengte'(ganz im Sinne eben der kolportierten Analogie zur Marxschen Dialektik von Produktivkräften und Produktionsverhältnissen, s.o.). – Nicht erst diese Textstellen werfen somit die Frage auf, ob Adorno nicht bei Zeiten in einen Jargon ganz eigener Art einstimmt, wie einst Ralf Dahrendorf, wenngleich in anderem Zusammenhang, angemerkt hat. Pflichtete man dem bei, so ließe sich die auf Heidegger gemünzte Feststellung, die „Dauerrüge wider die Verdinglichung" wäre ihrerseits verdinglicht, also auch auf ihn selbst anwenden (6, 419).

Und wenn er vermerkt, die Kunstgeschichte kenne Momente, „die den technischen Revolutionen der materiellen Produktion ähneln", dann erhärtet sich abermals der Verdacht, daß sich die (vorerst) verlorene Hoffnung auf die technologische Instandsetzung der Utopie bei Adorno *in der Tat* prinzipiell von der gesellschaftstheoretischen auf die ästhetische Ebene verlagert hat (ohne freilich an Ideen–Charisma einzubüßen). Jener (zwar distanziert) angeführte Ausspruch Gustav Mahlers, demzufolge eine Symphonie zu komponieren bedeute, mit „‚allen Mitteln der vorhandenen Technik eine Welt auf[zu]bauen'", scheint die Relevanz dieser Lesart zusätzlich zu bestärken (7, 94/13, 230). – Demgegenüber verwehrt er einer beliebigen Musik die Daseinsberechtigung, symbolisiere sie nicht „bis in die innersten Zellen ihres technischen Verfahrens" einen „kritischen Angriff aufs Bestehende" (17, 251). Die *ästhetische Domestizierung der marxischen Revolutionserwartung* hält ihn bekanntlich nicht davon ab, den Dezisionismus von ,Herr und Knecht' innerästhetisch fortzuführen mit anderen Mitteln – aus Sicht freilich der Herrschaftsinstanz (s.o.: *Destroy the Aura of ,Raised' Entertainment.*).

Ein Grund, warum Adorno die Kunst im dargelegten Rahmen deontologisch auflädt – auch Christoph Menke spricht von „heteronome[r] Überformung des ästhe-

---

[335] [Hervorhebungen von mir.]

tischen Erfahrungsprozesses“[336] –, ist dabei wohl ebenfalls darin zu suchen, daß ihm entsprechende *politische* Praxis unter den „gesellschaftlichen und technischen Bedingungen der Gegenwart“, wie es 1969 heißt, kaum mehr möglich scheint (20.1, 399).

2. Korrektiv der ästhetisch/technischen Utopie
2.1. Schopenhauer und das „reine Gefühl“

Wie bereits angedeutet hinterläßt die eingehendere Beschäftigung mit seiner Auffassung *ästhetischer Technik* den Eindruck, Adorno schlüge sich *wider besseren Wissens* auf die Seite der „tierische[n] Technokratie der Kunst“ – die stillschweigende soziologische Überfrachtung der Kunst trägt hier ganz offensichtlich eine Mitschuld (N 4.3, 88). Der formalistischen Schlagseite seiner Kunsttheorie wäre zu begegnen daher gegebenenfalls mit Momenten einer stärker *emotionalistisch* geprägten Ästhetik. Intendierte man die Kritik dieser systematischen Schwachstelle Adornos, schadete ein abermaliger Seitenblick auf Hegels Antipoden Schopenhauer keineswegs – gerade aufgrund dessen Überfrachtung wiederum der *expressiven* Komponente der Kunst.[337]

Nicht ohne Grund freilich unterstellte Adorno etwa Schopenhauer, „im Namen des Gefühls“ würde, *beschränkte* man sich eben auf einen derartigen Ansatz, jedwede „technologische Besinnung“ der Ästhetik a priori verhindert: „Selbstverständlich hat Kunst von je am wissenschaftlichen Fortschritt teil; so töricht, wie beides unmittelbar in eins zu setzen, wäre der nach amerikanischem Sprachgebrauch ‚escapistische‘ Glaube, daß die Kunst, je mehr Wissenschaft und Technologie fortschreiten, sich um so mehr auf die Welt des vorgeblich reinen Gefühls zurückziehen solle und den wissenschaftlichen Geist ignorieren.“ Aus seiner Sicht wäre dies verwerflich wohl auch deswegen, als daß der mitunter zu konstatierende utopische Geltungsüberhang der Werke somit erst recht verkannt bliebe (16, 182/18, 764f.).

Nichtsdestotrotz verweist auch der naturwissenschaftlich beschlagene Schopenhauer auf die Tatsache, daß die temporäre ‚Erlösung‘ durch die Musik im Grunde „nichts Anderes ist, als das Mittel, größere Zahlen und zusammengesetztere Zahlenverhältnisse, die wir sonst nur mittelbar, durch Auffassung in Begriffen, erkennen können, unmittelbar und in concreto aufzufassen [...].“[338] – Schopenhauer und der ‚technisch–aufgeklärte Romantiker‘ Adorno also stehen sich ohnehin näher, als es zunächst den Anschein haben mag – zumal auch Schopenhauer, dies im Gefolge Schellings, gewissermaßen als ‚Anwalt des Nichtidentischen‘ (Albrecht Wellmer)

---

[336] Menke, Christoph: Die Souveränität der Kunst. Ästhetische Erfahrung nach Adorno und Derrida. Frankfurt a. M. 1991. S. 124.

[337] Beispielsweise für den Bereich den Musik – auch für diesen schließlich das zentrale Genre der Kunst – heißt es dahingehend in Schopenhauers Hauptwerk repräsentativ: „Das unaussprechlich Innige der Musik, vermöge dessen sie als ein so ganz vertrautes und doch ewig fernes Paradies an uns vorüberzieht, so ganz verständlich und doch so unerklärlich ist, beruht darauf, daß sie alle Regungen unsers innersten Wesens wiedergiebt, aber ganz ohne die Wirklichkeit und fern von ihrer Quaal.“ (Schopenhauer, Arthur: Die Welt als Wille und Vorstellung. A.a.O. S. 379.)

[338] Ebd., S. 380.

gelten kann: Ein „vollkommen reines harmonisches System der Töne" nämlich dünkt ihm „nicht nur physisch, sondern schon arithmetisch" unmöglich.[339]

2.2. *Silver apples of the moon*

Es muß aber nicht zurückgegriffen werden erst auf eine genuin–romantische Position, um diese Komponente der Paradoxien des Adornoschen Kunst–Technizismus besser konturieren zu können; es genügt ein (kunst–)historischer Seitenblick auf die vorerst letzte Phase neuromantischer Rationalitätskritik: wie die *Popkultur* sie vorbringt insbesondere im Verlaufe ihrer ‚heroischen' Phase, in den 1960er– und 70er–Jahren (spätestens seit den 90ern hingegen scheint sie in einer profitablen Retro–Spirale zu zirkulieren).

Allein bereits der Hinweis trägt, Adorno genüge, eben wie angedeutet, diesbezüglich kaum dem in der Einleitung zur *Ästhetischen Theorie* formulierten Postulat, nach Kant und Hegel wäre philosophische Ästhetik nur noch möglich auf dem Fundament profunder Kenntnisse im Bereich der (Gegenwarts–)Kunst: Die in den 40er–Jahren des 20. Jahrhunderts verfaßte Kritik der Kulturindustrie, deren Konzeption er ja bis zuletzt prinzipiell treu bleibt, erweist sich bereits in den 1950ern, spätestens jedoch angesichts der in den 60ern zusehends verschwimmenden Demarkationslinien zwischen (vermeintlicher) Hoch– und Subkultur, als problematisch. (Roger Behrens unterscheidet dahingehend „drei Stufen"[340] der modernen Populärkultur: Massenkultur, Kulturindustrie – und, mit Blick eben auf die andauernde Phase, die Popkultur.)

Als repräsentatives Beispiel der ästhetisch–technischen Kurzsichtigkeit Adornos hinsichtlich selbst der *avancierten* Derivate der Popkultur – daß diese, bis heute, ein Gros fragwürdiger Elaborate[341] aus sich entläßt, steht freilich außer Frage – kann wohl gelten sein Verweis auf die „‚Gruppen' Stockhausens": Deren Kreativität nimmt er in Schutz mit dem vertrauten Argument, ihre „Expressivität" ließe sich kaum denken ohne entsprechende „technische[ ] Verfahrensweise[n]". – Daß aber eine ‚ganz spezielle' Gruppierung von Stockhausen–Schülern diesen überhaupt erst zuzurechnen wäre, die Kölner *Avantgarde*–Rockband *The Can*[342] nämlich, kommt ihm freilich erst gar nicht in den Sinn. Dabei begründet diese eine durchaus anspruchsvolle Symbiose aus Pop– und atonaler Neuer Musik: den sogenannten *Krautrock*; eine späte, bisweilen übermotivierte: ‚deutsche' Adaption des US–amerikanischen *Psychedelic Rock* (16, 449).

---

339 Schopenhauer, Arthur: Die Welt als Wille und Vorstellung. A.a.O. S. 381f. – Beachtung finden sollte überdies die Tatsache, daß sich wiederum Horkheimer stets auch Schopenhauer theoretisch verbunden gefühlt hat und seine für die Kritische Theorie so zentrale Konzeption der *instrumentellen Vernunft* (s.o.) gewisse Analogien auch zu Schopenhauers Willensmetaphysik aufweist (vgl. etwa Horkheimer, Max: Zur Kritik der instrumentellen Vernunft. A.a.O. S. 248ff.).

340 Behrens, Roger: Kulturindustrie. Bielefeld 2004. S. 47.

341 Gegenwärtig besonders hervorzuheben: an Zynismus kaum zu überbietende, im wahrsten Sinne des Wortes als ‚kulturindustriell' zu bezeichnende ‚casting–shows'.

342 Zur Entlastung Adornos muß erwähnt werden, daß die Formation ihren kreativen Zenit erst nach seinem Tode erreicht (1971).

In Abwandlung eines Gedankens Friedrich Kittlers – dieser tituliert die popkulturelle Technikaffinität ironisch als ‚Mißbrauch von Kriegsgerät'[343] – ist es dann *Klaus Theweleit*, der (in einem Interview) die klassische Rockmusik beschreibt als „Kidnapping von Kriegsgerät zum Zweck der Enteignung". – Die von Adorno angemahnte (ästhetische) ‚Repazifizierung' der Technik (s.o.) scheint Theweleit partiell gelungen:

> Blutrausch, Rassismus, Auslöschung anderer wurde nach 1945 in Westeuropa erst mal abgesetzt, jedenfalls als Generallinie. Die Elektrifizierung im frühen Rock ab 1955 trieb die dazugehörige Generation, die erste nicht militarisierte Generation, auf Tanzflächen, Straßen und in Konzertsäle. Kritische Geister wie Friedrich Kittler haben das als Missbrauch von Kriegsgerät bezeichnet; denn die ganze im Rock eingesetzte explosive Elektronik wurde im Zweiten Weltkrieg erfunden und entwickelt. Wir ersetzen das Wort lieber durch Kidnapping; denn für eine Weile funktionierte diese Enteignung in einem friedlichen emanzipatorischen Sinn.[344]

Diese zu begrüßende Zweckentfremdung der (Waffen–)Technik hätte zu Lebzeiten auch der Soziologe, Musik– und Medientheoretiker Adorno also durchaus noch vernehmen können – wenngleich sich der utopische Aspekt hier weniger in der kompositorischen Durchformung bzw. in der performativen Virtuosität auffinden ließe (2.) als vielmehr im Futurismus des Klanges sowie des lyrischen Gehalts (1.).

Theweleit attestiert dem avancierten (Jazz–)Rock der späten 60er–Jahre dabei gar einen ‚genialischen Kreativitätsüberhang' im direkten Vergleich mit der Neuen Musik. Mit Recht begreift er die Popmusik dieser Periode zumindest als deren zeitgemäße Nachfahrin[345]:

> Hendrix' entsprechendes ‚I'm from Mars' legt die Basis des eigenen Sounds in den ‚Weltraum', ähnlich der ‚Sphärenharmonie' der frühen europäischen Musiktheoretiker. Bloß wollten die ‚Gottes Harmonien' gehört haben in Davids Sphärenharfe, so ähnlich auch noch Mahler zu seiner dritten Symphonie; während es Sun Ra oder Hendrix um das Außerordentliche, um das noch nie Gehörte geht. Dieses schließt vor allem den Schrei ein und entfesselte Rhythmen, das Transgressive in der Musik. In den Texten affektive Vermischungszustände: Neue Körper ‚from out there'.

Dementsprechend hätte es Jimi Hendrix vergleichsweise gelassen zur Kenntnis genommen, als die *frontier* 1969 qua Raketentechnik auf den Mond verschoben wurde:

> Weil seine Musik bessere Wege zeigt, auf den Mond zu kommen; ohne Raketenquatsch. Diese tötenden Dinger in ‚Lippenstiftform', wie er in einem Song formuliert, sind das fiese Gegenstück seiner eigenen Raumexplorationen.[346]

---

[343] Vgl. ders.: Grammophon, Film, Typewriter. Berlin 1986.

[344] *Die Tageszeitung*. Berlin 25./26.10.2008.

[345] Dieser Sachverhalt verdichtet sich symbolisch mit Stockhausens Präsenz im Artwork des ‚*Sgt. Pepper*'–Albums der Beatles von 1967.

[346] *Die Tageszeitung*. A.a.O. [Hervorhebung von mir.]

Grundsätzlich weniger Berührungsängste mit der real–existierenden Raumfahrt dagegen bewiesen etwa die nach einem Yeats–Vers benannten ‚*Silver Apples*': „*the leading exponent of hippie technology*" (*Rolling Stone*). Das von Simeon Coxe, dem Erbauer des gleichnamigen Proto–Synthesizers (und heutigen Medien–Künstler), in New York formierte Elektronik–Duo wurde von den Stadtoberen des *Big Apple* beauftragt, eine Art Soundtrack für die Live–Übertragung der Mondlandung im Central Park zu erstellen – und diesen dort zu präsentieren. – Adorno also hätte zu Genüge Anlässe finden können, seine Überlegungen zur utopischen Hybris der *ästhetischen Technik* auf die Phänomenologie auch der ihm zeitgenössischen Kulturindustrie auszudehnen – dann jedoch wäre (s)ein sich hier kundtuender Mangel an analytischer Polyvalenz, ansonsten so untypisch für sein nuanciertes Denken, offen zutage getreten.

Rekapitulation und Ausblick

Bei Adorno ist zu unterscheiden nicht nur 1. *zivilisatorische Technik* (Realtechnik), 1.2. *rationale Technik* (Methode) und 2. *ästhetische Technik* (Stil/Reproduktion), sondern, darüber hinaus, wiederum deren jeweilige moralische Konstellation: a) *pejorativ*, b) *deskriptiv/affirmativ*, und als gewichtiger Aspekt letzterer Begriffskonnotation: deren *normativ/utopischer Geltungsüberhang* [b)II]. – Wenngleich die frühe Kritische Theorie (offiziell) bestrebt ist, im Sinne Marxens und Max Webers die ‚objektiven Tendenzen' möglichst deskriptiv zu eruieren, kann sich insbesondere Adorno nicht erwehren, seinen soziologisch–sublimierten Moralismus bisweilen zynisch zu verbalisieren.

Sein Verständnis *zivilisatorischer Technik*, wie sie in die ‚Maschinerie' der bürgerlich/kapitalistischen Gesellschaft eingespannt wäre, ist daher im Wesentlichen ein pejoratives: Die Technik, Artefakt der sublimierten Naturbeherrschung *rationaler Technik*, hinge an den Strippen der unpersönlichen „Macht der ökonomisch Stärksten" (deren Profit– und Herrschaftsbestrebungen wiederum den Entwicklungsgang der Technik kanalisierten) (3, 142). Jene machtpolitischen Bestrebungen würden von der ‚Psycho–Technik' der Kulturindustrie überdies manipulativ verklärt. – Die Omnipräsenz der Technik unter den herrschenden Produktionsbedingungen konditioniere dabei rückwirkend nicht lediglich die individuelle Perzeption, sondern ebenfalls die Spontaneität des „lebendigen Körper[s]"; trotz objektiver „Entfesselung der Technik" oblägen die menschlichen Produktivkräfte, ähnlich wie *grosso modo* die Produktions*verhältnisse*, einem Zwang zur ‚Selbst–Fesselung' (14, 404/20.2, 690).

Auch weil Nutznießer und ‚Arbeitskraftgeber' im fortgeschrittenen Kapitalismus nicht mehr ohne weiteres als solche erkenntlich wären, liefe die im Fahrwasser der „totale[n] Expansion der Technik" initiierte „falsche Identität zwischen der Einrichtung der Welt und ihren Bewohnern" hinaus auf die erneute ‚Absegnung' der Produktionsverhältnisse; allein die Vorstellung, ‚es könne auch anders sein', degenerierte, im vorgeblichen „Zeitalter der Erfindungen", zur „hoffnungslosen Anstrengung" (8, 369/376; 18, 41). In Opposition zur gegenteiligen Annahme des Marxismus geht Adorno davon aus, die technisch–motivierte „Immergleichheit des Tauschprinzips" tendiere zur Inthronisierung quasi–mythischer *repetitio* (10.2, 637). (Trotz allem habe Marx eine Ahnung davon verspürt, daß der „Fortschritt von ratio und Technik" an den Grundpfeilern aller bisherigen Geschichte, „Herrschaft und Unfreiheit", nicht entscheidend etwas geändert hätte [FABl VIII, 146f.].)

Die Technik habe mitunter die aristotelische „Hand, die sie schuf, und die sich in ihr verlängert", „vergessen lassen", weswegen die (eliminatorische) „Ersetzbarkeit" des Einzelnen nur konsequent schiene (8, 451/10.1, 310). „Horror vor der Technik" wäre somit *nicht lediglich* „muffig und reaktionär", sondern zugleich berechtigte Skepsis angesichts der Gewalt, die eine vorgeblich rationale Gesellschaft bereit wäre, an ihren „Zwangsmitgliedern" zu vollstrecken (10.1, 380). Steht für Adorno gegen Ende der Entfaltung der kapitalistischen Dynamik der faschistoide „totalitäre[ ] Kapitalismus", so treibe dieser wiederum zur „Ausrottung der Menschen" (3, 73).

Aus genuin-*kulturphilosophischem* Blickwinkel münde die zivilisatorische Naturbeherrschung in der ,neuen Barbarei' einer *pathologischen Revolte* unterdrückter Natur: Die Technik schicke sich an, aus dem Mittel, „das Dasein zu verbessern", sich in den „Selbstzweck seiner absoluten Negation" zu verwandeln. Insbesondere die forcierte „Erfindung von Zerstörungsmitteln" wäre daher „Prototyp der neuen Qualität von Technik"; die falsche gesellschaftlich/kulturelle Anwendung der Technik kulminiere in der Androhung „losgelassene[r] Technik". In Entsprechung zur – für Adorno typischen – kulturtheoretischen Adaption des „Freudschen Mechanismus"[347] revoltierte mittels der metastasierten Waffentechnik das deformierte ,Nichtidentische' der weltumspannenden bürgerlichen Ideologie (8, 152/363).

Auf der individuellen Mikroebene manifestiere sich besagte Revolte der Natur in diversen Idiosynkrasien: Der Fokus Adornos ist hierbei zuvorderst auf die „libidinöse Besetzung" der zum Fetisch erhobenen Technik ausgerichtet (8, 67). In diesem Falle würde die Technik als „Kraft eigenen Wesens" zunächst ,verdinglicht', d.h. von ihrem artifiziellen und teleologischen Charakter abstrahiert, weil ihr *eigentlicher* Zweck: „ein menschenwürdiges Leben", von der Reflexion zusehends abgeschnitten wäre („Alle Verdinglichung ist eine Vergessen.") (3, 263/10.2, 686). Der zur Verdinglichung neigende Charaktertypus wäre prinzipiell derjenige, welcher die „Möglichkeit von Liebe" negieren müsse; der verbliebene Rest an Liebesfähigkeit dann würde auf die eigentlichen Mittel verwendet.

Das Pathogene im Verhältnis zur Technik wäre evoziert wiederum vom „,technologischen Schleier'": der allseitigen Technokratie, welche „technologische, auf Technik eingestimmte Menschen" strukturell erst hervorbrächte. Jener (auch) derart begründete „Herdentrieb" der „lonely crowd" hätte, so der radikale Befund, als „Sich–Zusammenrotten von Erkalteten", die ,Höllenmaschine'–*Auschwitz* überhaupt erst ermöglicht (4, 268/10.2, 686f.).

Wenngleich Adornos Sicht der modernen Technik bzw. ihrer gesellschaftlichen Funktionsweise weitestgehend eine wertend–negative ist (s.o.), so wäre er nicht jener ,Denker der Ambivalenz', versuchte er der *zivilisatorisch/rationalen Technik* nicht doch ihr Gutes abzugewinnen: Der Entwicklungsgang der Technik etwa machte, trotz allem, körperliche Arbeit zunehmend überflüssig, und sie steigerte den materiellen Lebensstandard. „Wider den Willen ihrer Lenker" hätte die Technik die Menschen zudem „aus Kindern zu Personen" gemacht, indem, zumindest zeitweise, ein Teil der Bevölkerung dem Stand der Technik rational akkomodiert worden wäre (3, 178). Keinesfalls auch läßt sich Adorno dazu verleiten, jene affektive Besetzung der Technik nicht ebenfalls zu deuten als Symptom dessen, daß die Menschen dem, „was ihnen angetan wird", ebenfalls ihr Leben verdanken (8, 18). Der Fetischcharakter der Technik wird eingestuft mitunter gar als ,Motor' überhaupt erst ihres utopischen Potentials (dessen Einlösung freilich veränderte politisch–ökonomische Rahmenbedingungen zur Voraussetzung hätte).

Eine allzu gutmütige Sichtweise der Technik auf der Matrix ihrer „Verfilzung" mit dem gesellschaftlichen *Status quo* scheint Adorno allerdings nicht möglich; zumindest die Erinnerung an die Möglichkeit jedoch, daß die Einbindung der Technik auch anders vonstatten gehen könne, will er wach halten, denn: „an sich vermöchte

---

[347] Gray, John: Die Geburt al–Qaidas aus dem Geist der Moderne. A.a.O. S. 150.

sie es anders“ (8, 362). Die Technik ist für ihn nach wie vor Bedingung der „Erfüllung“; das Heer der Produzenten „schon überflüssig“ – nicht im eliminatorischen Sinne (s.o.), sondern aufgrund der objektiven Möglichkeit einer von der Lohnarbeit entkoppelten, materiellen Grundversorgung, gewährleistet von einer potentiell–selbsttätigen Technik (3, 59/173).

In Anbetracht des seinerzeit existenten militärischen Potentials (‚Gleichgewicht des Schreckens') läge die Bedingung einer Umlenkung der Produktivkräfte Adorno zufolge aber zunächst in der Repazifizierung der Technik – nicht jedoch in ‚ökologischen' Exklaven oder dergleichen. Überhaupt wäre die moralistische Anprangerung technischer ‚Naturschändung' entlehnt der eindimensionalen bürgerlichen Sexualmoral; die Technik könne der Natur sogar ‚beistehen' und ihr „zu dem [...] helfen, wohin sie vielleicht möchte“ (7, 107). Jede Form des Maschinensturms wäre unangebracht, und es werde „mehr frommen“, wenn sich die Technik erst „an ihrer rechten Stelle“ einfände (18, 39).

Ob die moderne Technik der Menschheit schließlich zu Heil oder Unheil gereiche, wäre dabei keine individual–ethische Frage ‚guten Willens'. Es dürfe allerdings nicht der Fehler gemacht werden, – eben wie der Sozialismus – zu vertrauen auf den Stand der Technik als *Garanten* gesellschaftlicher Transformation. Veränderung könne bewirkt werden einzig durch bewußte, d.h. *politische* Umlenkung der technischen Mittel – von den heteronom–partialen auf die ihnen (vermeintlich) a priori inhärierenden, ‚natürlichen' Zwecke gesamt–gesellschaftlicher Nützlichkeit. Die Technik würde somit nicht nur „befreit“, sondern – qua ‚Entfesselung' des ihr innewohnenden utopischen Potentials – gleichzeitig auch „zu sich selbst“ kommen in einer wahrlich humanen, „menschenwürdig“ eingerichteten Gesellschaft: Es stellte sich heraus, „daß die Erde, nach dem Stand der Produktivkräfte, jetzt, hier, unmittelbar das Paradies sein könnte“ (7, 56/20.1, 316).[348]

Auch die bei Adorno quantitativ hervorstechende, in erster Linie affirmativ–konnotierte *ästhetische Technik* besitzt nun zunächst ihre Schattenseiten: Für die Beschränktheit jener an der *zivilisatorisch/rationalen Technik partizipierenden* Kunstgattung(en), aufzufinden insbesondere im Bereich der sogenannten Massenkunst, wären verantwortlich zu machen allerdings vielmehr beschriebene Defizite der realtechnischen Entwicklung. Getreu der Basis/Überbau–Relation hätte die Kulturindustrie, mit dem Paradigmenwechsel „von der Manufaktur zum industriellen Betrieb“, die eigentümliche Logik des Kunstwerks und diejenige des (fehlgeleiteten) sozialen Systems eingeebnet (19, 525).

Die „radikale Industrialisierung“ der Kunst vollzöge sich zumeist auf Kosten der genuinen *ästhetischen Technik*, weswegen sich der Fokus der zu Konsumenten degenerierten Rezipienten nicht länger auf den Gehalt, sondern verstärkt auf die jeweils verwendete(n) Technik(en) verenge (7, 322). Im Falle der Kulturindustrie könne nicht (mehr) ausdrücklich die Rede sein von *ästhetischer Technik*; „nur dem Namen nach“ wäre die Technik in kulturindustriellen und ‚eigentlichen' (Kunst–)Werken ein und dieselbe: Obschon beide Spielarten der Technik gleichen Ursprungs wären, stünde der Begriff der Technik im Bereich der genuinen Künste ein

---

348 Die schlagendste Kritik dieser (ihrerseits zur Technokratie neigenden) Position liefert wohl Jürgen Habermas: Ders.: Technik und Wissenschaft als „Ideologie“. A.a.O.

für die (freilich wiederum soziologisch aufgeladene) „Organisation der Sache in sich" – nicht jedoch, wie im Falle der Kulturindustrie, für *qualitative Standardisierung* sowie für *Prozesse mechanischer Reproduktion und Distribution* (10.1, 340).[349]

Dennoch sollte Adorno zufolge der Anschein vermieden werden, die „kritische Einsicht in den Charakter der Kulturindustrie" impliziere eine sentimentale Glorifizierung der Vergangenheit (einschließlich der mit ihr verschränkten individualistischen Produktionsweise) (15, 12). Wie seine Apologie der *Neuen* Kunst verdeutlicht, kennt der Hegelianer Adorno auch im ästhetischen Kontext keine simple *retour à la natur*; die „tellurische[ ] Expansion" der idyllisierten Naturbegriffs wäre vielmehr naheliegende Konsequenz des zivilisatorischen „Abdruck[s] totaler Technik" (7, 107). Insbesondere im kulturindustriellen Kontext würde die Technik nach Belieben entweder positivistisch verklärt (s.o.) – oder aber die Chimäre ‚unberührter' Natur als Freizeit– und Urlaubsrefugium projiziert. – Aber auch im ‚gehobenen' ästhetischen Zusammenhang erlange als „Ideal des Natürlichen" getarnte technische Insuffizienz beizeiten eminente Geltung: etwa im Falle historischer Inadäquanz von Technik und ‚expressiv–mimetischer Schicht' (3, 149). Liquidierte die mit quasi–sakralen Weihen versehene Technik (Konstruktion) ihr Motivierendes (Ausdruck), entlüden sich in Form archaisierender Korrektive gegebenenfalls „Revolten gegen Technik" (7, 320).

Technisierung im Bereich der Kunst stelle sich in die Dienste „krude[r] Reaktion" jedoch ebenfalls, sofern sie – aufgrund ihrer scheinbaren virtuosen Perfektion – „versäumte gesellschaftliche" Vervollkommnung als *bereits vollzogen* deklarierte (14, 47). Bestimmung technischer Elemente in der Kunst wäre eben *nicht* die reale Zurichtung der Natur, sondern die „Herstellung eines Sinnzusammenhangs" im zu bearbeitenden Material – ansonsten beschieden sich jene Elemente mit der schlechten Nachahmung wissenschaftlich/technischer Verfahrensweisen, und deren Primat würde nur bestärkt in Anbetracht der realen gesellschaftlichen Ohnmacht der Kunst (14, 158).

Wie Korrektive des „‚Wilden'" und „Barbarischen" (kunst–)historisch gegen das Überhandnehmen technischer Elemente intervenierten, könne es im Gegenzug auch zu „technische[n] Freiheitsbewegungen" kommen. – Da aber der ästhetische Gehalt in technischen ‚Knotenpunkten' erst fundiert liege, dürfe genannte „Verselbständigung der Technik" *nicht nur* für negativ befunden werden (s.o.): Ihr „legitimes Eigenleben" wäre es, von dem die mit ihr als *tertium comparationis* verschränkten Instanzen: Erscheinung und Gehalt, ebenfalls profitierten (7, 320f.). Nicht nur hinterließe jedes epochale Werk ‚Spuren' in seiner *ästhetischen Technik*; ganz im Sinne des Rimbaudschen Postulats wäre es gar „Bestimmung des Modernen", diesen nachzueifern (7, 59).

Adorno spricht sich demzufolge aus *für* die technische Innovation der Kunst – ohne diese jedoch zu verwechseln mit ihrer positivistischen Verwissenschaftlichung; „Technifizierung" emanzipiere die Werke von ihrem unmittelbaren Ausdruck, der „Kontingenz des bloßen Individuums" (7, 96). Entgegen der romantischen (Über–)

---

[349] Vgl. diesbezüglich Walter Benjamins konträren Ansatz (ders.: Das Kunstwerk im Zeitalter seiner technischen Reproduzierbarkeit. A.a.O.).

Betonung ästhetischer Subjektivität zeigten sich die individuellen Künstler determiniert sogar von der Technik (wie diese wiederum vom zu bearbeitenden Material). Die „treibenden Kräfte" einer Epoche wären nicht selten ausfindig zu machen ausschließlich in ihrer spezifischen Technik, zu erlernen nur unter „unbeschreiblicher Anstrengung" (10.1, 415/12, 29). Nichtsdestotrotz entwüchsen jeder Generation die auf den Stand der Technik ansprechenden menschlichen Produktivkräfte, welche sie, bewußt oder unbewußt, aufgriffen und weiterentwickelten.

Bei Adorno inhäriert dann insbesondere der Kunst ein *normativ/utopischer Geltungsüberhang* im Hinblick auf die wuchernde Zweckrationalität der Alltagswelt: Idealerweise trete die *ästhetische Technik* ihrer zivilisatorisch/rationalen Variante entgegen als metaphorisches Korrektiv; ‚spielerisch' lasse sie die Technik ‚zu ihrem Recht' gelangen und hielte ihrer falschen gesellschaftlichen Instrumentalisierung somit (implizit) den Spiegel vor, welcher sie ‚zur Kenntlichkeit entstellt'. Die heute *prima facie* ausschließlich in der Äquivokation beider ontologischen Technik–Konnotationen aufscheinende ursprüngliche Engführung von Kunst und Technik bzw. von Kunst und Wissenschaft (in der Antike) wäre, auch deswegen, nicht die einzige verbliebene.

Banalstes Beispiel ästhetischen ‚Übergriffs' auf die profane Sphäre sei die bildliche Darstellung von (technischer) „Gewalt über Natur", etwa in einem häßlichen *Sujet* (7, 75). – Diese Art ästhetischen Engagements allerdings ist nicht dasjenige, welches Adorno vorschwebt: Die Kunst begebe sich schon *an sich*, als ‚sinnloses' Pendant der ‚zweck–losen Zweckrationalität', in Opposition zur ‚universellen Tauschgesellschaft'. Obschon dieser erst entwachsen, mobilisiere Kunst die Technik *per definitionem* in entgegengesetzte Richtung wie das vorwaltende Herrschaftsprinzip: Wodurch sich die Werke in dem Maße als ‚zweckmäßig' organisierten, „wie es dem bloßen Dasein versagt ist" – diese Sprachregelung bringt Adornos Technikphilosophie gewissermaßen auf den Punkt –: *das* wäre als ihre ‚Technik' zu bezeichnen (7, 321).

Die Musik, bei Adorno (ähnlich wie bei Schopenhauer und Nietzsche) das zentrale Genre der Kunst, zeige sich determiniert nichtsdestoweniger vom allgemeinen Stand der *zivilisatorischen* Technik: Insbesondere die moderne Musik fürchte, in Anbetracht der permanenten Ausweitung des technisch/industriellen Sektors, ansonsten als ‚zurückgeblieben' zu gelten (deswegen sei es kein Zufall, daß etwa die quasi–mathematischen Kompositionstechniken der Zwölftonmusik im einstmals technisch–rückständigen Wien aufgekommen wären). Die kompensatorische Funktion der Musik bestünde auch darin, die sich in ihrer Technik manifestierenden gesellschaftlichen Problemlagen expressiv ‚zur Sprache zu bringen' – gewissermaßen als dissonant–sublimierte ‚Widerspiegelung'. Etwa die frühe Zwölftontechnik hätte zum Ziel, qua „wahrhafte[r] Beherrschung", einer ihrer modernen Freiheitspotentiale noch nicht korrelierenden (ästhetischen) Subjektivität „zu[r] Hilfe" zu kommen (14, 136/16, 537). Die von den neuen künstlerischen Verfahrensweisen ausgeteilten „Schocks des Unverständlichen" versuchten in diesem Sinne, die vorherrschenden gesellschaftlichen Konventionen (der Wahrnehmung) aufzubrechen, indem sie ihnen die „ausschweifendste Phantasie" kontrastierten (12, 126/15, 131).

Der von Adorno vernommene Doppelcharakter *zivilisatorischer Technik* – als autonome Instanz und als *fait social* – kennzeichne eben auch ihr ästhetisches Äquivalent. Jener Ausspruch Gustav Mahlers, welchem zufolge eine–Symphonie–Schreiben bedeute, „„mit allen Mitteln der vorhandenen Technik eine Welt auf[zu]bauen'", bringt diesen Sachverhalt auf den Punkt; der „Einspruch der Kunst" gegen die etablierte Kultur erlange Geltung erst vermittels der *ästhetischen Technik* (13, 230/16, 451). Mit Stefan George gesprochen enthülle sich die (bei Schönberg vorexerzierte) ‚lückenlose Strenge' annähernd vollkommener *ästhetischer Technik* als ‚über sich hinausweisendes' Höchstmaß an Freiheit, das „zur Versöhnung sich sänftigt[ ]" (17, 203).

Das rekonstruierte Technikverständnis Adornos – aufgrund seines disparaten Charakters vielerorts oberflächlich und widersprüchlich – hat sich, nichtsdestotrotz, erwiesen somit als vielfach verschachteltes: Die (vorerst) nicht eingelöste Option auf die gesellschaftliche Entfesselung des sozial–utopischen Potentials der Maschinentechnik, so Adorno, räche sich mitunter in immer neuen Tragödien individueller, gesellschaftlicher und kultureller Art.

Als kompensationstheoretisches Residuum, als Allegorie jener mit der Technik verschränkten Hoffnung auf die Erlösung von der ‚entfremdeten Arbeit' fungiert für ihn dafür die ästhetische Sphäre: In der Kunst kommt für Adorno die Technik – verstanden insbesondere als deren autonome Binnenstruktur – zu ihrem Recht.

– Als wirklich ‚innovativ' läßt sich Adornos Technikphilosophie dabei allerdings kaum bezeichnen: In *sozialphilosophischer* Hinsicht ist eindeutig Marx (bzw. Hegel) ideengebend; *kulturphilosophisch* bzw. rationalitätstheoretisch ist diesbezüglich Nietzsche zu exponieren – die eigenwillige Amalgamierung von Marx und Nietzsche ist, ähnlich wie später für den Poststrukturalismus, charakteristisch für die frühe Kritische Theorie –, und *ästhetisch* wurde Aristoteles als (implizite) Referenz ausgewiesen.

So berechtigt Adornos Anliegen auch ist: Wie sich gezeigt hat, verfällt er *nolens volens* in einen eigentümlichen kunsttheoretischen Technizismus. Die spezifische Technokratie eines Saint–Simon erhält bei ihm Einzug durch die Hintertür des bisweilen technisch (und soziologisch) überformten Wesenszuges seiner Ästhetik. Er *überstrapaziert* die Kategorie der *ästhetischen Technik*, so daß seine ansonsten plausible und sympathische[350] Technikphilosophie zweierlei Korrektive bedarf: 1. der Verschränkung mit einer stärker emotionalistisch eingefärbten Ästhetik (etwa derjenigen Schopenhauers), sowie 2. der Überwindung seines ästhetischen Elitarismus – um der eigens postulierten Kenntnis der gegenwärtigen Phänomenologie *ästhetischer Technik* überhaupt Genüge leisten zu können.

Zwar scheint die Popkultur um 1980 (mit dem Ende von *Punk*, um genau zu sein) ihren *normativ/utopischen Geltungsanspruch programmatisch* eingebüßt zu haben (3.) – ganz analog zum vorläufigen Ende des Hegelianismus; führt man sich aber vor Augen etwa den technisch–versierten *Heavy Metal* der 80er–Jahre – Adorno freilich hätte hier, nicht ohne Berechtigung, eine vulgäre Erneuerung des *Erha-*

[350] Realpolitische Aktualität kommt Adornos Sicht der Technik zu sicherlich auch mit Blick auf die konkrete Forderung – technisch möglicher – makrologischer *Arbeitszeitverkürzung* sowie hinsichtlich der etwaigen Beseitigung des nach wie vor grassierenden Welt–Hungers, z.B. vermittels einer domestizierten *Gentechnik*. – Deutlich weniger vom Profitstreben entstellte Technologie ließe sich mit Sicherheit ausmachen überdies im Kontext der ‚erneuerbaren Energien' (beispielsweise in der *Solarzellen–Technologie*).

benen am Werke gesehen – oder aber die ungeahnten Möglichkeiten, welche die Digitalisierung dem Film[351] seit den 90er–Jahren eröffnet, so hätte die Popkultur, mit Blick zumal auf die nunmehr globalisierten Produktionsverhältnisse, *auch weiterhin* durchaus utopisch–technischen Geltungsüberhang aufzuweisen (2./1.).

Habermas' Kritik der soziologischen Überfrachtung der Technik aber wäre auch hinsichtlich einer derart *reformierten* Adornoschen Konzeption *ästhetischer Technik* ins Gedächtnis zu rufen (um vorzubeugen auch der Gefahr eines subtilen ‚Ästhetizismus–durch–die–Hintertür'):

> Die doppelte Überschreitung des Kults der Nützlichkeit und der Religion der Kunst, die Octavio Paz der handwerklichen Produktion attestierte, läßt sich im Kernbereich der industriellen Produktion nicht durch eine direkte Wiederannäherung von Kunst und Industrie verwirklichen, wie sie den Gründern des Werkbundes vorschwebte. *Wohl aber wäre denkbar, daß die industrielle Produktion an kommunikativ geklärte Zwecksetzungen* zurückgebunden *würde und daß Kunst und ästhetische Phantasie sich in die kommunikative Klärung gemeinsamer Zwecke* verstricken *ließen.* Dann könnten vielleicht Kunst und Industrie durch Vermittlung eines Dritten, nämlich im Medium einer aufgeklärten demokratischen Praxis, zu Momenten einer industriellen Kultur zusammentreten.[352]

---

[351] Vgl. etwa Recki, Birgit: „Technik und Natur. Eine neue Dialektik der Aufklärung oder: Wie es der weißen Frau möglich wird, den Affen zu lieben." In: Naturgeschichte der Freiheit. Hg. v. Heilinger, Jan–Christoph. Berlin 2007. S. 391ff.

[352] Wellmer, Albrecht: „Kunst und industrielle Produktion. Zur Dialektik von Moderne und Postmoderne." In: Ders.: Zur Dialektik von Moderne und Postmoderne. Vernunftkritik nach Adorno. Frankfurt a. M. 1985. S. 132f. [Hervorhebung von mir.]

Literatur

Adorno, Theodor W.: Gesammelte Schriften. Frankfurt a. M. 1970ff.

Adorno, Theodor W.: Nachgelassene Schriften. Frankfurt a. M. 1993ff.

Adorno, Theodor W.: Briefe und Briefwechsel. Bd. 1. Hg. vom Theodor W. Adorno Archiv. Frankfurt a. M. 1994.

Adorno–Konferenz 1983. Hg. v. Friedeburg, Ludwig v. und Jürgen Habermas. Frankfurt a. M. 1983.

Baudelaire, Charles: Der Künstler und das moderne Leben. Essays, „Salons", Intime Tagebücher. Leipzig ²1994.

Behrens, Roger: Kulturindustrie. Bielefeld 2004.

Benjamin, Walter: Das Kunstwerk im Zeitalter seiner technischen Reproduzierbarkeit. Drei Studien zur Kunstsoziologie. Frankfurt a. M. 1963.

Berger, Wilhelm: Philosophie der technologischen Zivilisation. München 2006.

Bild und Reflexion. Paradigmen und Perspektiven gegenwärtiger Ästhetik. Hg. v. Recki, Birgit und Lambert Wiesing. München 1997.

Bloch, Ernst: Tübinger Einleitung in die Philosophie. Frankfurt a. M. 1996.

Blumenberg, Hans: Geistesgeschichte der Technik. Frankfurt a. M. 2009.

Cassirer, Ernst: Gesammelte Werke. Bd. 17. Hg. v. Recki, Birgit. Hamburg 2004.

Cochetti, Stefano: Mythos und „Dialektik der Aufklärung". (Diss.) Hain 1985.

Dahms, Hans–Joachim: Positivismusstreit. Die Auseinandersetzung der Frankfurter Schule mit dem logischen Positivismus, mit dem amerikanischen Pragmatismus und dem kritischen Rationalismus. Frankfurt a. M. 1994.

Dath, Dietmar: Maschinenwinter. Wissen, Technik, Sozialismus. Eine Streitschrift. Frankfurt a. M. 2008.

Debord, Guy: Die Gesellschaft des Spektakels. Luzern 1994.

Demirović, Alex: Der nonkonformistische Intellektuelle. Die Entwicklung der Kritischen Theorie zur Frankfurter Schule. Frankfurt a. M. 1999.

Derrida, Jacques: Randgänge der Philosophie. Wien 1996.

Dialektik der Freiheit. Frankfurter Adorno–Konferenz 2003. Hg. v. Honneth, Axel. Frankfurt a. M. 2005.

Die Tageszeitung. Berlin 25./26.10.2008.

Die Zukunft der Vernunft. Zur Aktualität von Theodor W. Adorno. Hg. v. Schmid Noerr, Gunzelin. Cluj–Napoca 2004.

Dubiel, Helmut: Kritische Theorie der Gesellschaft. Eine einführende Rekonstruktion von den Anfängen im Horkheimer–Kreis bis Habermas. Weinheim [u.a.] ³2001.

Engels, Friedrich und Karl Marx: Werke. Hg. vom Institut für Marxismus–Leninismus beim ZK der SED. Berlin 1956ff.

Fischer, Peter: Philosophie der Technik. Eine Einführung. München 2004.

Frankfurter Adorno–Blätter. München 2003.

Fraser, Nancy und Axel Honneth: Umverteilung oder Anerkennung? Eine politisch–philosophische Kontroverse. Frankfurt a. M. 2003.

Freud, Sigmund: Das Unbehagen in der Kultur. Und andere kulturtheoretische Schriften. Frankfurt a. M. ¹⁰2007.

Früchtl, Josef: Ästhetische Erfahrung und moralisches Urteil. Eine Rehabilitierung. Frankfurt a. M. 1996.
Früchtl, Josef: *Mimesis*. Konstellation eines Zentralbegriffs bei Adorno. (Diss.) Würzburg 1986.
Gehlen, Arnold: Die Seele im technischen Zeitalter und andere sozialpsychologische, soziologische und kulturanalytische Schriften. Frankfurt a. M. O. J.
Gray, John: Die Geburt al–Qaidas aus dem Geist der Moderne. München 2004.
Habermas, Jürgen: Technik und Wissenschaft als „Ideologie". Frankfurt a. M. 1969.
Honneth, Axel: Pathologien der Vernunft. Geschichte und Gegenwart der Kritischen Theorie. Frankfurt a. M. 2007.
Horkheimer, Max: Zur Kritik der instrumentellen Vernunft. Frankfurt a. M. 1985.
Jenseits instrumenteller Vernunft. Kritische Studien zur Dialektik der Aufklärung. Hg. v. Gangl, Manfred und Gérard Raulet. Frankfurt a. M. [u.a.] 1998.
Jonas, Hans: Das Prinzip Verantwortung. Versuch einer Ethik für die technologische Zivilisation. Frankfurt a. M. 1979.
Konersmann, Ralf: Kulturphilosophie zur Einführung. Hamburg 2003.
Lafargue, Paul: Das Recht auf Faulheit. Widerlegung des „Rechtes auf Arbeit" von 1848. O. O. 1978.
Lepenies, Wolf: Melancholie und Gesellschaft. Mit einer neuen Einleitung: Das Ende der Utopie und die Wiederkehr der Melancholie. Frankfurt a. M. 1998.
Luhmann, Niklas: Einführung in die Systemtheorie. Heidelberg 2002.
Marcuse, Herbert: Kultur und Gesellschaft II. Frankfurt a. M. 1965.
Marcuse, Herbert: Kunst und Befreiung. Lüneburg 2000.
Menke, Christoph: Die Souveränität der Kunst. Ästhetische Erfahrung nach Adorno und Derrida. Frankfurt a. M. 1991.
Nachdenken über Technik. Die Klassiker der Technikphilosophie. Hg. v. Hubig, Christoph. Berlin 2000.
Neue Hefte für Philosophie. Bd. 30/31. Göttingen 1991.
Plessner, Helmuth: Gesammelte Schriften Bd. 10. Schriften zur Soziologie und Sozialphilosophie. Hg. v. Dux, Günter [u.a.]. Frankfurt a. M. 1985.
Recki, Birgit: Aura und Autonomie. Zur Subjektivität der Kunst bei Walter Benjamin und Theodor W. Adorno. (Diss.) Würzburg 1988.
Saint–Simon, Claude–Henri de: Ausgewählte Schriften. Hg. v. Zahn, Lola. Berlin 1977.
Schmid Noerr, Gunzelin: Das Eingedenken der Natur im Subjekt. Zur Dialektik von Vernunft und Natur in der Kritischen Theorie Horkheimers, Adornos und Marcuses. Darmstadt 1990.
Schopenhauer, Arthur: Aphorismen zur Lebensweisheit. Stuttgart 1991.
Schopenhauer, Arthur: Die Welt als Wille und Vorstellung. Bd. I. Stuttgart 1987.
Soung–Suk, Nho: Die Selbstkritik und „Rettung" der Aufklärung. Frankfurt a. M. [u.a.] 2000.
Valéry, Paul: Zur Theorie der Dichtkunst und vermischte Gedanken. Frankfurt a. M. 1991.
Vierzig Jahre Flaschenpost. „Dialektik der Aufklärung" 1947–1987. Hg. v. van Reijen, Willem und Gunzelin Schmid Noerr. Frankfurt a. M. 1987.

Wellmer, Albrecht: Zur Dialektik von Moderne und Postmoderne. Vernunftkritik nach Adorno. Frankfurt a. M. 1985.
Werckmeister, O.K.: Ende der Ästhetik. Essays über Adorno, Bloch, das gelbe Unterseeboot und der eindimensionale Mensch. Frankfurt a. M. 1971.
Wiggershaus, Rolf: Die Frankfurter Schule. Geschichte, Theoretische Entwicklung, politische Bedeutung. München [u.a.] ^{2}1987.

Sigel

GS:
1: Philosophische Frühschriften.
2: Kierkegaard. Konstruktion des Ästhetischen.
3: Dialektik der Aufklärung. Philosophische Fragmente.
4: Minima Moralia. Reflexionen aus dem beschädigten Leben.
5: Zur Metakritik der Erkenntnistheorie. Drei Studien zu Hegel.
6: Negative Dialektik. Jargon der Eigentlichkeit.
7: Ästhetische Theorie.
8: Soziologische Schriften I.
9: Soziologische Schriften II.1.
9.1: Soziologische Schriften II.2.
10.1: Kulturkritik und Gesellschaft I.
10.2: Kulturkritik und Gesellschaft II.
11: Noten zur Literatur.
12: Philosophie der neuen Musik.
13: Die musikalischen Monographien.
14: Dissonanzen. Einleitung in die Musiksoziologie.
15: Komposition für den Film. Der getreue Korrepetitor.
16: Musikalische Schriften I–III.
17: Musikalische Schriften IV.
18: Musikalische Schriften V.
19: Musikalische Schriften VI.
20.1: Vermischte Schriften I.
20.2: Vermischte Schriften II.

NaS:
N 1.1: Beethoven. Philosophie der Musik.
N 1.2: Zu einer Theorie der musikalischen Reproduktion.
N 1.3: Current of music. Elements of a radio theory.
N 4.3: Ästhetik (1958/59).
N 4.4: Kants „Kritik der reinen Vernunft".
N 4.7: Ontologie und Dialektik.
N 4.10: Probleme der Moralphilosophie.
N 4.12: Philosophische Elemente einer Theorie der Gesellschaft.
N 4.13: Zur Lehre von der Geschichte und von der Freiheit.
N 4.14: Metaphysik. Begriff und Probleme.
N 4.15: Einleitung in die Soziologie.
N 4.16: Vorlesung über Negative Dialektik.

FABl I–VIII: Frankfurter Adorno–Blätter.